电工电子基础实验指导

——天煌教仪非电类配套教材

崔远慧　主　编

牟　俊　副主编

科学出版社

北　京

内 容 简 介

本书以培养学生的基本技能为目标，以杭州天煌教仪 DGJ-3 型电工技术实验装置为主要应用对象，在该实验装置的基础上设计开发了相应的实验项目。全书共分为四篇，主要内容包括：电工技术、电子技术、综合设计以及附录。

本书可作为一般高等院校非电专业本科生、职业院校电类专业专科生的实验教学用书，或作为教师以及相关工程技术人员的参考书。

图书在版编目（CIP）数据

电工电子基础实验指导：天煌教仪非电类配套教材/崔远慧主编. —北京：科学出版社，2016. 2

ISBN 978-7-03-047252-6

Ⅰ. ①电… Ⅱ. ①崔… Ⅲ. ①电工技术－实验－高等学校－教学参考资料 ②电子技术－实验－高等学校－教学参考资料 Ⅳ. ①TM-33 ②TN-33

中国版本图书馆 CIP 数据核字（2016）第 023986 号

责任编辑：张 震 姜 红 / 责任校对：张怡君

责任印制：赵 博 / 封面设计：无极书装

科学出版社出版

北京东黄城根北街 16 号

邮政编码：100717

http://www.sciencep.com

北京凌奇印刷有限责任公司印刷

科学出版社发行 各地新华书店经销

*

2016 年 2 月第 一 版 开本：B5（720×1000）

2025 年 8 月第九次印刷 印张：12 1/2

字数：245 000

定价：32.00 元

（如有印装质量问题，我社负责调换）

编写委员会

主　　编： 崔远慧

副 主 编： 牟　俊

编写人员： 初　冉　祁建广　刘　俐　李仁庆

前　言

本书是由教学经验丰富的教师根据教育部高等工程院校电工学课程指导小组审定的“电工与电子技术课程基本要求”，结合多年来在理论课教学及实验环节中的授课经验，认真总结大连工业大学电工电子实验教学改革经验与成果，在实验仪器和设备全面更新成天煌教仪的基础上，经过集体讨论编写而成的。

本书注重学生基本技能的培养。在实验目的、实验内容安排和仪器的使用上，对能力培养方面提出了较为明确的要求。以秦曾煌的《电工学》（上册、下册）为理论基础，每一章节都配备了相应的验证性实验，在此基础上增加了综合性、设计性实验内容。

本书共分为四篇。第一篇为电工技术，共有 13 个实验；第二篇为电子技术，共有 12 个实验；第三篇为综合设计，共有 5 个实验；第四篇为附录，主要内容是天煌教仪相关仪器仪表的使用说明。本书实验内容丰富，可以满足不同学时的非电专业的教学需求。

本书由大连工业大学崔远慧老师主编，牟俊老师副主编。其中电工技术部分由牟俊编写，电子技术部分由崔远慧编写，初冉、祁建广、刘俐和李仁庆老师参与了第三篇和附录的编写，全书由崔远慧统筹。

本书由大连工业大学电类基础教研室各位老师经过多年实践不断完善而成，在此感谢康铁英教授、刘剑教授的鼎力支持。由于编者水平有限，书中难免存在缺点和不足，希望广大读者能够提出宝贵意见。

编　者

2015 年 11 月

目　　录

第一篇　电工技术

第二篇　电子技术

第三篇 综合设计

第四篇 附录

第一篇 电工技术

实验一　电路元件伏安特性的测绘

一、实验目的

（1）学会识别常用电路元件。
（2）掌握线性电阻、非线性电阻元件伏安特性的测绘方法。
（3）掌握实验台上直流电工仪表和设备的使用方法。

二、实验原理

任何一个二端元件的特性可用该元件上的端电压U与通过该元件的电流I之间的函数关系$I=f(U)$来表示，即用I-U平面上的一条曲线来表征，这条曲线称为该元件的伏安特性曲线。

（1）线性电阻器的伏安特性曲线是一条通过坐标原点的直线，如图1-1中直线a所示，该直线的斜率等于该电阻器的电阻值。

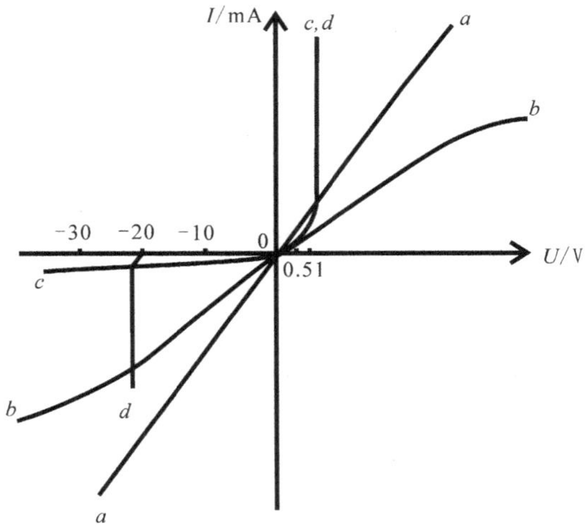

图1-1　伏安特性曲线图

（2）一般的白炽灯在工作时灯丝处于高温状态，其灯丝电阻随着温度的升高而增大，通过白炽灯的电流越大，其温度越高，阻值也越大，一般灯泡的“冷电阻” 与“热电阻”的阻值可相差几倍甚至十几倍，所以他的伏安特性如图 1-1 中曲线 b 所示。

（3）一般的半导体二极管是一个非线性电阻元件，其伏安特性如图 1-1 中曲线 c 所示。正向压降很小（一般的锗管为 0.2～0.3V，硅管为 0.5～0.7V），正向电流随正向压降的升高而急骤上升，而反向电压从零一直增加到几十伏时，其反向电流增加很小，可视为零。可见，二极管具有单向导电性，但若反向电压加得过高，超过管的极限值，则会导致管击穿损坏。

（4）稳压二极管是一种特殊的半导体二极管，其正向特性与普通二极管类似，但其反向特性较特别，如图 1-1 中曲线 d 所示。在反向电压开始增加时，其反向电流几乎为零，但当电压增加到某一数值时（称为管的稳压值，有各种不同稳压值的稳压管）电流将突然增加，以后他的端电压基本维持恒定，当外加的反向电压继续升高时其端电压仅有少量增加。

注意：流过二极管或稳压二极管的电流，不能超过其极限值，否则会被烧坏。

三、实验设备

实验设备如表 1-1 所示。

表 1-1 实验设备

序号	名称	型号与规格	数量	备注
1	可调直流稳压电源	0~30V	1	
2	直流数字毫安表	0~200mA		
3	直流数字电压表	0~200V	1	
4	二极管	IN4007	1	DGJ-5
5	稳压管	2CW51	1	DGJ-5
6	白炽灯	12V，0.1A	1	DGJ-5
7	线性电阻器	200Ω，1kΩ/8W	1	DGJ-5

四、实验注意事项

（1）测二极管正向伏安特性时，稳压电源输出应由小至大逐渐增加，应时刻注意，电流表读数不得超过 35mA。

（2）如果要测定二极管 2AP9 的伏安特性，则正向特性的电压值应取 0，0.10，0.13，0.15，0.17，0.19，0.21，0.24，0.30（V），反向特性的电压值取 0，

2，4，…，10（V）。

（3）进行不同实验时，应先估算电压和电流值，合理选择仪表的量程，勿使仪表超量程，仪表的极性亦不可接错。

五、实验内容

1. 测定线性电阻器的伏安特性

按图 1-2 接线，调节稳压电源的输出电压 U，从 0V 开始缓慢地增加，一直到 10V，记下相应的电压表和电流表的读数 U_R、I，记入表 1-2 中。

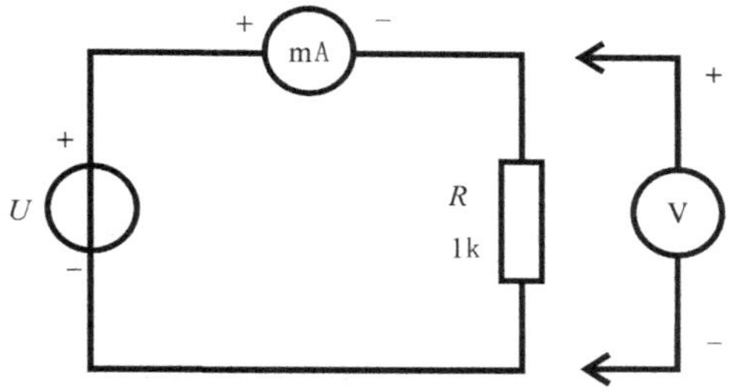

图 1-2　测线性电阻器伏安特性线路图

表 1-2　线性电阻器伏安特性实验数据

U_R / V	0	2	4	6	8	10
I / mA						

2. 测定非线性白炽灯泡的伏安特性

将图 1-2 中的 R 换成一只 12V，0.1A 的灯泡，重复实验内容 1 中的步骤。U_L 为灯泡的端电压。记下相应的电压表和电流表的度数 U_L、I，记入表 1-3 中。

表 1-3　非线性白炽灯泡伏安特性实验数据

U_L / V	0.1	0.5	1	2	3	4	5
I / mA							

3. 测定半导体二极管的伏安特性

按图 1-3 接线，R 为限流电阻器。测二极管的正向特性时，其正向电流不得超过 35mA，二极管 D 的正向施压U_{D+}可在 0～0.75V 中取值，U_{D+}在 0.5～0.75V 中应多取几个测量点。测反向特性时，只需将图 1-3 中的二极管 D 反接，且其反向施压U_{D-}可达 30V。

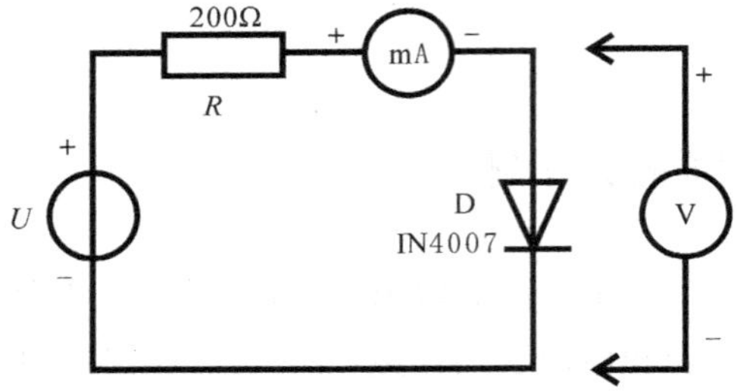

图 1-3 测半导体二极管伏安特性线路图

正向特性实验数据记入表 1-4 中。

表 1-4 正向特性实验数据

U_{D+} / V	0.10	0.30	0.50	0.55	0.60	0.65	0.70	0.75
I / mA								

反向特性实验数据记入表 1-5 中。

表 1-5 反向特性实验数据

U_{D-} / V	0	−5	−10	−15	−20	−25	−0
I / mA							

4. 测定稳压二极管的伏安特性

（1）正向特性实验：将图 1-3 中的二极管换成稳压二极管 2CW51，重复实验内容 3 中的正向测量。U_{Z+}为 2CW51 的正向施压。将正向特性实验数据记入表 1-6 中。

表 1-6 正向特性实验数据

U_{Z+} / V	
I / mA	

（2）反向特性实验：将图 1-3 中的 R 换成 1kΩ，2CW51 反接，测量 2CW51 的反向特性。稳压电源的输出电压U_O为 0～20V，测量 2CW51 两端的电压U_{Z-}及

电流 I，由 U_{Z-} 可看出其稳压特性。将反向特性实验数据记入表 1-7 中。

表 1-7　反向特性实验数据

U_O / V	
U_{Z-} / V	
I / mA	

六、思考题

1. 根据各实验数据，分别在方格纸上绘制出光滑的伏安特性曲线。其中，二极管和稳压二极管的正、反向特性均要求画在同一幅图中，正、反向电压可使用不同的比例尺。

2. 根据实验结果，总结、归纳各被测元件的特性。

3. 总结心得体会及其他。

实验二 叠加原理

一、实验目的

验证线性电路叠加原理的正确性，加深对线性电路的叠加性的认识和理解。

二、实验原理

叠加原理指出，在有多个独立源共同作用下的线性电路中，通过每一个元件的电流或其两端的电压，可以看成是由每一个独立源单独作用时在该元件上所产生的电流或电压的代数和。

三、实验设备

实验设备如表 2-1 所示。

表 2-1 实验设备

序号	名称	型号与规格	数量	备注
1	直流稳压电源	0~30V 可调	2	
2	万用电表		1	自备
3	直流数字电压表	0~200V	1	
4	直流数字毫安表	0~200mA	1	
5	叠加原理实验电路板		1	DGJ-3

四、实验内容

实验线路如图 2-1 所示，用 DGJ-3 挂箱的“基尔夫定律/叠加原理”线路。

（1）将两路稳压电源的输出分别调节为 12V 和 6V，接入U_1和U_2处。

（2）令U_1电源单独作用（将开关 K_1 投向U_1侧，开关 K_2 投向短路侧，开关 K_3 投向 330Ω）。用直流数字电压表和直流数字毫安表（接电流插头）测量各支路电流及各电阻元件两端的电压，将数据记入表 2-2 中。

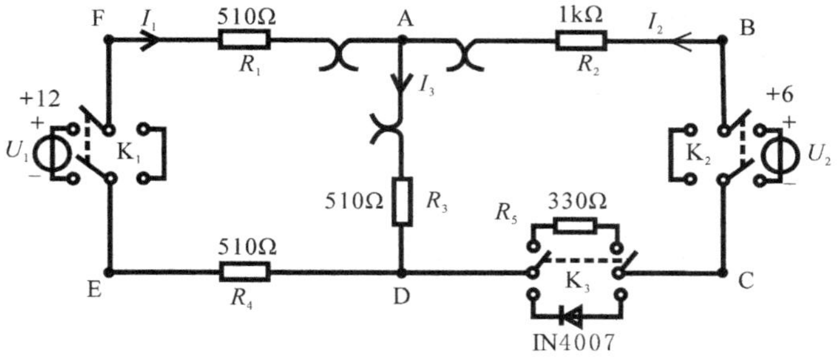

图 2-1　基尔夫定律/叠加原理线路图

（3）令U_2电源单独作用（将开关 K_1 投向短路侧，开关 K_2 投向U_2侧），重复实验内容（2）的测量和记录，将数据记入表 2-2 中。

（4）令U_1和U_2共同作用（开关 K_1 和 K_2 分别投向U_1和U_2侧），重复上述的测量和记录，将数据记入表 2-2 中。

表 2-2　实验数据

测量项目 实验内容	U_1/V	U_2/V	I_1/mA	I_2/mA	I_3/mA	U_{AB}/V	U_{CD}/V	U_{AD}/V	U_{DE}/V	U_{FA}/V
U_1单独作用										
U_2单独作用										
U_1、U_2共同作用										

（5）将 R_5（330Ω）换成二极管 IN4007（即将开关 K_3 投向二极管 IN4007 侧），重复实验内容（1）～（5）的测量过程，将数据记入表 2-3 中。

（6）任意按下某个故障设置按键，重复实验内容（4）的测量和记录，再根据测量结果判断出故障的性质。

表 2-3　实验数据

测量项目 实验内容	U_1/V	U_2/V	I_1/mA	I_2/mA	I_3/mA	U_{AB}/V	U_{CD}/V	U_{AD}/V	U_{DE}/V	U_{FA}/V
U_1单独作用										
U_2单独作用										
U_1、U_2共同作用										

五、实验注意事项

（1）用电流插头测量各支路电流时，或者用电压表测量电压降时，应注意仪表的极性，正确判断测得值的+、–号后，再将数据记入表中。

（2）注意仪表量程的及时更换。

六、思考题

1. 对实验数据进行分析、比较，归纳、总结实验结论，即验证线性电路的叠加性与齐次性。

2. 各电阻器所消耗的功率能否用叠加原理计算得出？试用上述实验数据，进行计算并做出结论。

3. 通过对实验内容（5）及表 2-3 中数据的分析，你能得出什么样的结论？

4. 总结心得体会及其他。

实验三　有源二端网络等效参数的测定

一、实验目的

（1）验证戴维南定理和诺顿定理的正确性，加深对这两个定理的理解。

（2）掌握测量有源二端网络等效参数的一般方法。

二、实验原理

1. 有源二端网络

任何一个线性含源网络，如果仅研究其中一条支路的电压和电流，则可将电路的其余部分看作是一个有源二端网络（或称为含源一端口网络）。

戴维南定理指出：任何一个线性有源网络，总可以用一个电压源与一个电阻的串联来等效代替，此电压源的电动势 U_S 等于这个有源二端网络的开路电压 U_{OC}，其等效内阻 R_0 等于该网络中所有独立源均置零（理想电压源视为短接，理想电流源视为开路）时的等效电阻。

诺顿定理指出：任何一个线性有源网络，总可以用一个电流源与一个电阻的并联组合来等效代替，此电流源的电流 I_S 等于这个有源二端网络的短路电流 I_{SC}，其等效内阻 R_0 定义同戴维南定理。

$U_{OC}(U_S)$ 和 R_0 或者 $I_{SC}(I_S)$ 和 R_0 称为有源二端网络的等效参数。

2. 有源二端网络等效参数的测量方法

1）开路电压、短路电流法测 R_0

在有源二端网络输出端开路时，用电压表直接测其输出端的开路电压 U_{OC}，然后再将其输出端短路，用电流表测其短路电流 I_{SC}，则等效内阻为 $R_0 = U_{OC} / I_{SC}$。

如果二端网络的内阻很小，将其输出端口短路易损坏其内部元件，因此不宜用此法。

2）伏安法测 R_0

用电压表、电流表测出有源二端网络的外特性曲线，如图 3-1 所示。根据外

特性曲线求出斜率 $\tan\varphi$，则内阻 $R_0 = \tan\varphi = \Delta U / \Delta I = U_{OC} / I_{SC}$。

也可以先测量开路电压 U_{OC}，再测量电流为额定值 I_N 时的输出端电压值 U_N，则内阻为 $R_0 = (U_{OC} - U_N) / I_N$。

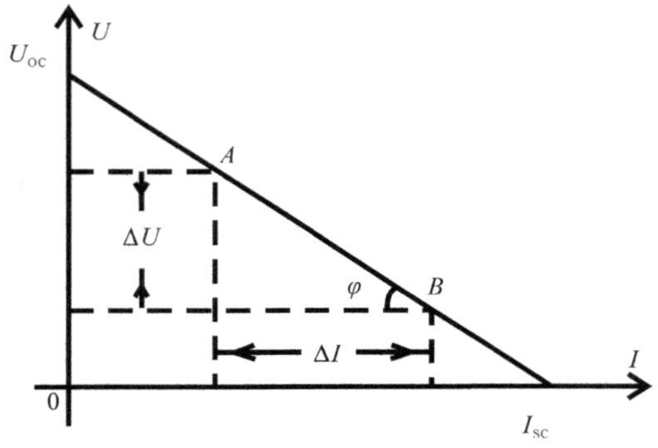

图 3-1　有源二端网络外特性曲线

3）半电压法测 R_0

如图 3-2 所示，当负载电压为被测网络开路电压的一半时，负载电阻（由电阻箱的读数确定）即为被测有源二端网络的等效内阻值。

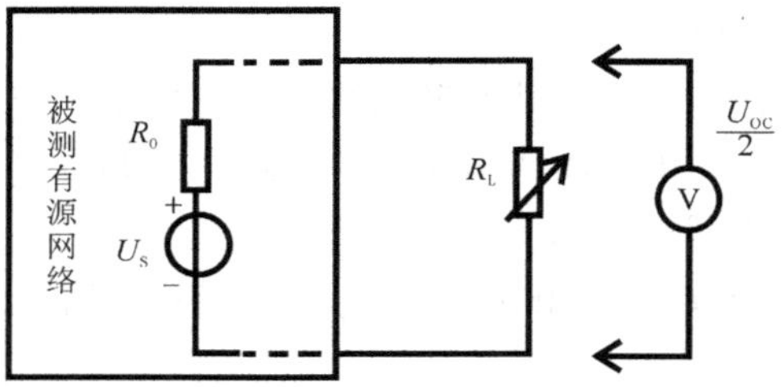

图 3-2　半电压法测 R_0

4）零示法测 U_{OC}

在测量具有高内阻有源二端网络的开路电压时，用电压表直接测量会造成较大的误差。为了消除电压表内阻的影响，往往采用零示测量法，如图 3-3 所示。

零示法测量原理是用一低内阻的稳压电源与被测有源二端网络进行比较，当稳压电源的输出电压与有源二端网络的开路电压相等时，电压表的读数将为“0”。然后将电路断开，测量此时稳压电源的输出电压，即为被测有源二端网络的开路电压。

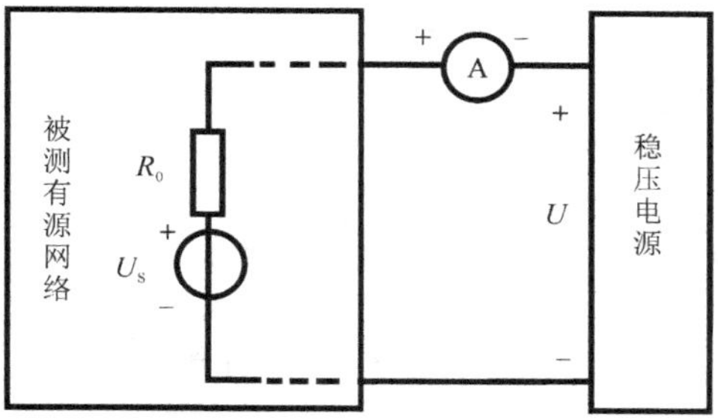

图 3-3　零示法测 U_{OC}

三、实验设备

实验设备如表 3-1 所示。

表 3-1　实验设备

序号	名称	型号与规格	数量	备注
1	可调直流稳压电源	0～30V	1	
2	可调直流恒流源	0～500mA	1	
3	直流数字电压表	0～200V	1	
4	直流数字毫安表	0～200mA	1	
5	万用电表		1	自备
6	可调电阻箱	0～99999.9Ω	1	DGJ-5
7	电位器	1kΩ/2W	1	DGJ-5
8	戴维南定理实验电路板		1	DGJ-5

四、实验内容

被测有源二端网络如图 3-4（a）所示。

（1）用开路电压、短路电流法测定戴维南等效电路的 U_{OC}、R_0 和诺顿等效电路的 I_{SC}、R_0。按图 3-4（a）接入稳压电源 U_S=12V 和恒流源 I_S=10mA，不接入 R_L。测出 U_{OC} 和 I_{SC}，并计算出 R_0（测 U_{OC} 时，不接入直流数字毫安表），将数据记入表 3-2 中。

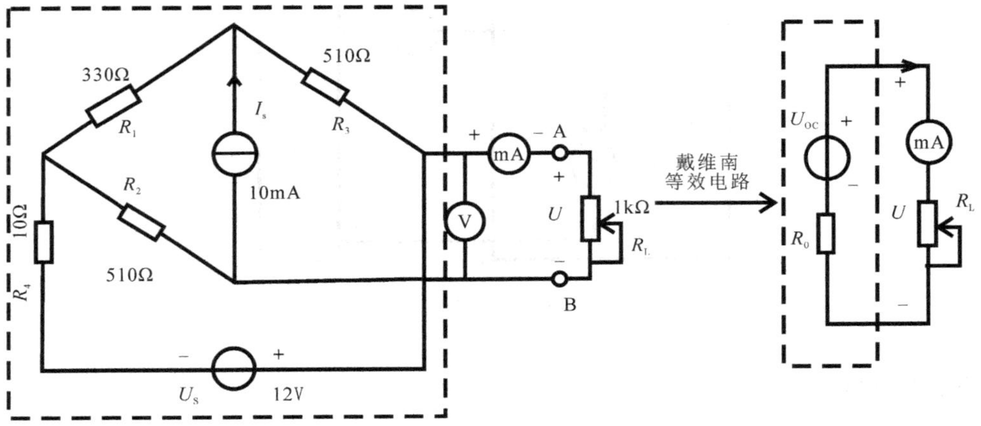

（a）有源二端网络　　　　　　　　（b）戴维南等效电路

图 3-4　有源二端网络戴维南等效电路图

表 3-2　未接入负载时实验数据

U_{OC} / V	I_{SC} / mA	$R_0 = (U_{OC} / I_{SC}) / \Omega$

（2）负载实验。按图 3-4（a）接入 R_L 。改变 R_L 阻值，测量有源二端网络的外特性曲线，将数据记入表 3-3 中。

表 3-3　接入负载时实验数据

U / V	
I / mA	

（3）验证戴维南定理：从电阻箱上取得按实验内容（1）所得的等效电阻 R_0 之值，然后令其与直流稳压电源（调到实验内容（1）所测得的开路电压 U_{OC} 之值）相串联，如图 3-4（b）所示，仿照实验内容（2）测其外特性，对戴维南定理进行验证，将数据记入表 3-4 中。

表 3-4　戴维南等效后实验数据

U / V	
I / mA	

（4）验证诺顿定理：从电阻箱上取得实验内容（1）所得的等效电阻 R_0 之值，然后令其与直流恒流源（调到实验内容（1）所测得的短路电流 I_{SC} 之值）相并联，如图 3-5 所示，仿照实验内容（2）测其外特性，对诺顿定理进行验证，将数据记入表 3-5 中。

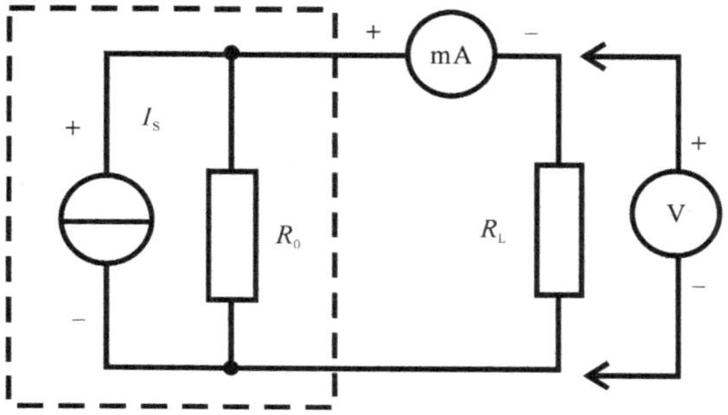

图 3-5　诺顿定理等效电路

表 3-5　诺顿等效后实验数据

U / V	
I / mA	

（5）有源二端网络等效电阻（又称入端电阻）的直接测量法。如图 3-4（a）所示。将被测有源网络内的所有独立源置零（去掉电流源 I_S 和电压源 U_S，并把原电压源所接的两点用一根短路导线相连），然后用伏安法或者直接用万用电表的欧姆挡去测定负载 R_L 开路时 A、B 两点间的电阻，即为被测网络的等效内阻 R_0，或称网络的入端电阻 R_i。

（6）用半电压法和零示法测量被测网络的等效内阻 R_0 及其开路电压 U_{OC}。线路及数据表自拟。

五、实验注意事项

（1）测量时应注意电流表量程的更换。

（2）实验内容（5）中，电压源置零时不可将稳压源短接。

（3）用万用电表直接测 R_0 时，网络内的独立源必须先置零，以免损坏万用电表。并且，欧姆挡必须经调零后再进行测量。

（4）用零示法测量 U_{OC} 时，应先将稳压电源的输出调节接近于 U_{OC}，再按

图 3-3 进行测量。

（5）改接线路时，要关掉电源。

六、思考题

1. 根据实验内容（2）、（3）、（4），分别绘制曲线，验证戴维南定理和诺顿定理的正确性，并分析产生误差的原因。

2. 把由实验内容（1）、（5）、（6）中的几种方法测得的U_{OC}、R_0与预习时电路计算的结果进行比较，你能得出什么结论？

3. 归纳、总结实验结果。

4. 总结心得体会及其他。

实验四　RC 一阶电路的响应

一、实验目的

（1）测定 RC 一阶电路的零输入响应、零状态响应及完全响应。

（2）学习电路时间常数的测量方法。

（3）掌握有关微分电路和积分电路的概念。

（4）进一步学会用示波器观测波形。

二、实验原理

（1）动态网络的过渡过程是十分短暂的单次变化过程。要用普通示波器观察过渡过程和测量有关的参数，就必须使这种单次变化的过程重复出现。为此，我们利用信号发生器输出的方波来模拟阶跃激励信号，即利用方波输出的上升沿作为零状态响应的正阶跃激励信号，利用方波的下降沿作为零输入响应的负阶跃激励信号。只要选择方波的重复周期远大于电路的时间常数 τ，电路在这样的方波序列脉冲信号的激励下，他的响应就和直流电接通与断开的过渡过程是基本相同的。

（2）图 4-1（b）所示的 RC 一阶电路的零输入响应和零状态响应分别按指数规律衰减和增长，其变化的快慢决定于电路的时间常数 τ。

（3）时间常数 τ 的测定方法。

用示波器测量零输入响应的波形如图 4-1（a）所示。

根据一阶微分方程的求解得知

$$u_C = U_m e^{-t/RC} = U_m e^{-t/\tau}$$

当 $t = \tau$ 时

$$U_C(\tau) = 0.368U_m$$

此时所对应的时间就等于 τ。亦可用零状态响应波形增加到 $0.632U_m$ 所对应的时间测得，如图 4-1（c）所示。

（4）微分电路和积分电路是 RC 一阶电路中较典型的电路，他对电路元件参数和输入信号的周期有着特定的要求。一个简单的 RC 串联电路，在方波序列脉冲的重复激励下，当满足 $\tau = RC \ll (T/2)$ 时（T 为方波脉冲的重复周期），且由 R

两端的电压作为响应输出，则该电路就是一个微分电路。因为此时电路的输出信号电压与输入信号电压的微分成正比。如图 4-2（a）所示。利用微分电路可以将方波转变成尖脉冲。

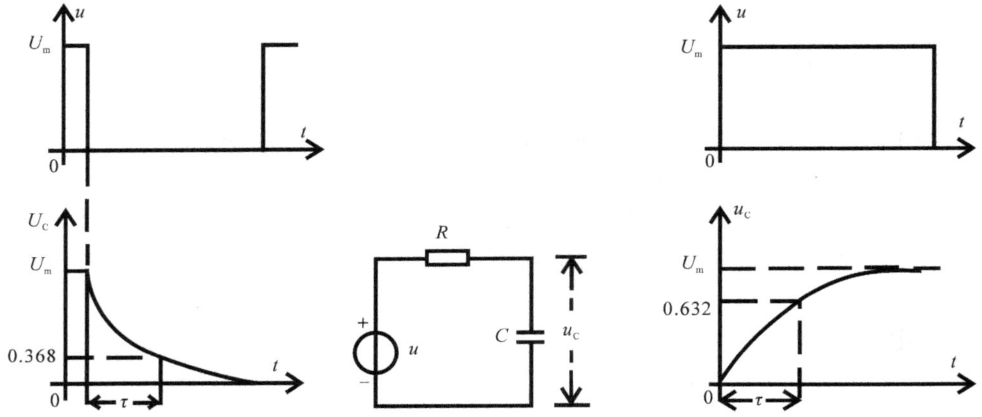

（a）零输入响应　　（b）RC 一阶电路　　（c）零状态响应

图 4-1　RC 一阶电路及其零输入响应、零状态响应

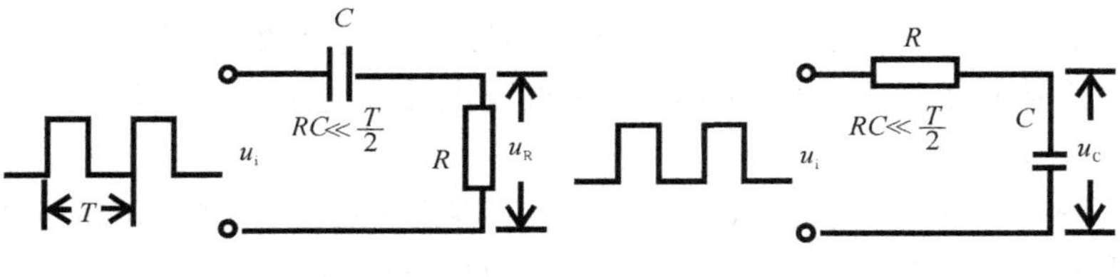

（a）微分电路　　（b）积分电路

图 4-2　微分电路和积分电路

若将图 4-2（a）中的 R 与 C 位置调换一下，如图 4-2（b）所示，由 C 两端的电压作为响应输出，且当电路的参数满足 $\tau = RC \gg (T/2)$，则该 RC 电路称为积分电路。因为此时电路的输出信号电压与输入信号电压的积分成正比。利用积分电路可以将方波转变成三角波。

从输入输出波形来看，上述两个电路均起着波形变换的作用，请在实验过程中仔细观察与记录。

三、实验设备

实验设备如表 4-1 所示。

表 4-1　实验设备

序号	名称	数量	备注
1	函数信号发生器	1	
2	双踪示波器	1	自备
3	动态电路实验板	1	DGJ-3

四、实验内容

实验线路板的器件组件，如图 4-3 所示，认清 R 、C 元件的布局及其标称值、各开关的通断位置等。

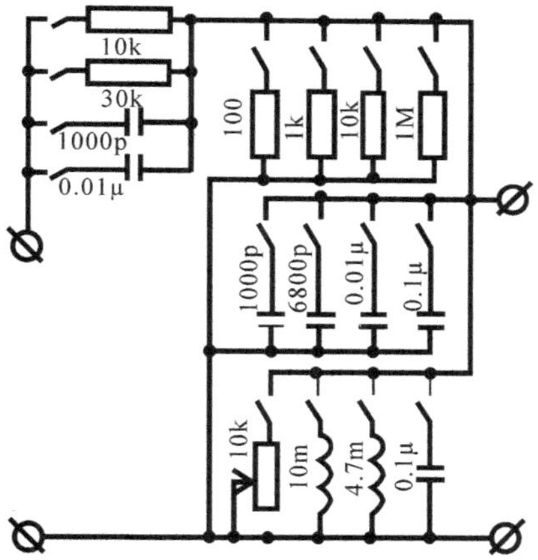

图 4-3　动态电路、选频电路实验板

（1）从电路板上选 R=10kΩ， C=6800pF 组成如图 4-1（b）所示的 RC 充放电电路。u_i 为脉冲信号发生器输出的 U_m=3V 、 f=1kHz 的方波电压信号，并通过两根同轴电缆线，将激励源 u_i 和响应 u_C 的信号分别连至示波器的两个输入口 Y_A 和 Y_B。这时可在示波器的屏幕上观察到激励与响应的变化规律，请测算出时间常数 τ，并用方格纸按 1∶1 的比例描绘波形。

少量地改变电容值或电阻值，定性地观察对响应的影响，记录观察到的现象。

（2）令 R=10kΩ， C=0.1μF，观察并描绘响应的波形，继续增大 C 的值，定性地观察对响应的影响。

（3）令 C=0.01μF， R=100Ω，组成如图 4-2（a）所示的微分电路。在同样的方波激励信号（ U_m=3V， f=1kHz ）作用下，观测并描绘激励与响应的波形。

增减 R 之值，定性地观察对响应的影响，并作记录。当 R 增至 1MΩ 时，输入输出波形有何本质上的区别？

五、实验注意事项

（1）调节电子仪器各旋钮时，动作不要过快、过猛。实验前，需熟读双踪示波器的使用说明书。观察双踪时，要特别注意相应开关、旋钮的操作与调节。

（2）信号源的接地端与示波器的接地端要连在一起（称共地），以防外界干扰而影响测量的准确性。

（3）示波器的辉度不应过亮，尤其是光点长期停留在荧光屏上不动时，应将辉度调暗，以延长示波管的使用寿命。

六、思考题

1. 根据实验结果，在方格纸上绘出 RC 一阶电路充放电时 u_C 的变化曲线，由曲线测得 τ 值，并与参数值的计算结果进行比较，分析误差原因。

2. 根据实验结果，归纳、总结积分电路和微分电路的形成条件，阐明波形变换的特征。

3. 总结心得体会及其他。

实验五　R、L、C 元件阻抗特性的测定

一、实验目的

（1）验证电阻、感抗、容抗与频率的关系，测定 $R \sim f$ 、$X_L \sim f$ 及 $X_C \sim f$ 特性曲线。

（2）加深理解 R、L、C 元件端电压与电流间的相位关系。

二、实验原理

（1）在正弦交变信号作用下，R、L、C 电路元件在电路中的抗流作用与信号的频率有关，他们的阻抗频率特性 $R \sim f$，$X_L \sim f$，$X_C \sim f$ 曲线如图 5-1 所示。

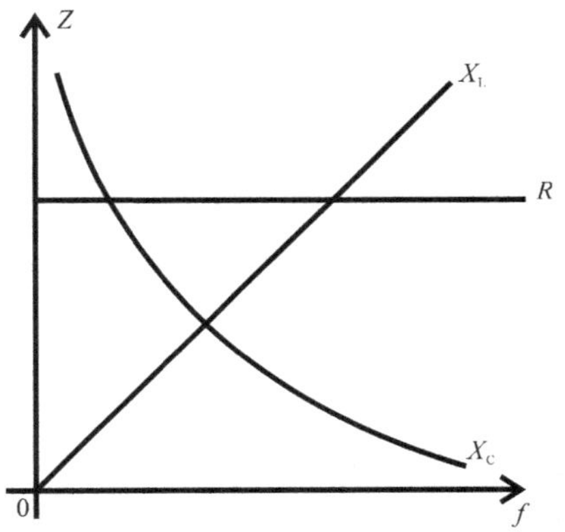

图 5-1　阻抗频率特性曲线

（2）元件阻抗频率特性的测量电路如图 5-2 所示。

图中的 r 是提供测量回路电流用的标准小电阻，由于 r 的阻值远小于被测元件的阻抗值，因此可以认为 AB 之间的电压就是被测元件 R、L 或 C 两端的电压，流过被测元件的电流则可由 r 两端的电压除以 r 所得。

若用双踪示波器同时观察 r 与被测元件两端的电压，就会显示被测元件两端的电压和流过该元件电流的波形，从而可在荧光屏上测出电压与电流的幅值及他们之间的相位差。

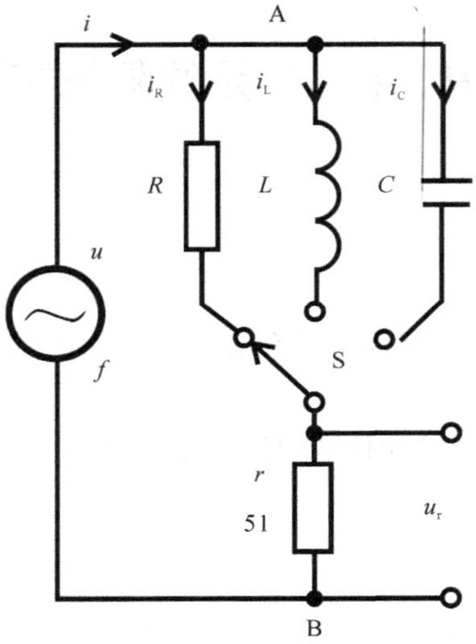

图 5-2 阻抗频率特性测量电路

（3）将元件 R、L、C 串联或并联相接，可用同样的方法测得 $Z_{串}$ 与 $Z_{并}$ 的阻抗频率特性 $Z \sim f$，根据电压、电流的相位差可判断 $Z_{串}$ 或 $Z_{并}$ 是感性还是容性负载。

（4）元件的阻抗角（即相位差 φ）随输入信号的频率变化而改变，将各个不同频率下的相位差画在以频率 f 为横坐标、阻抗角 φ 为纵坐标的坐标纸上，并用光滑的曲线连接这些点，即得到阻抗角的频率特性曲线。

用双踪示波器测量阻抗角的方法如图 5-3 所示。

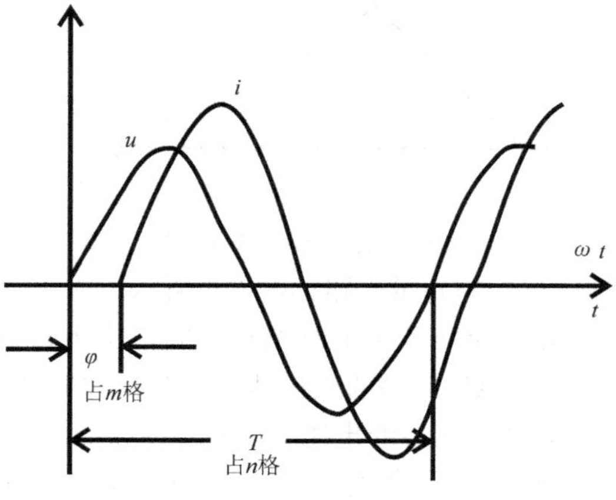

图 5-3 阻抗角的测量方法

从荧光屏上数得一个周期占 n 格，相位差占 m 格，则实际的相位差 φ（阻

抗角）为

$$\varphi = m \times \frac{360^\circ}{n}$$

三、实验设备

实验设备如表 5-1 所示。

表 5-1　实验设备

序号	名称	型号与规格	数量	备注
1	函数信号发生器		1	
2	交流毫伏表	0～300V	1	
3	双踪示波器		1	自备
4	频率计		1	
5	实验线路元件	R=1kΩ，$r=51\Omega$，$C=1\mu F$，$L\approx 10mH$	1	DGJ-5

四、实验内容

（1）测量 R、L、C 元件的阻抗频率特性。

通过电缆线将函数信号发生器输出的正弦信号按图 5-2 所示电路连接，作为激励源u，并用交流毫伏表测量，使激励电压的有效值U=3V，并保持不变。

使信号源的输出频率从 200Hz 逐渐增至 5kHz（用频率计测量），并使开关 S 分别接通 R、L、C 三个元件，用交流毫伏表测量U_r，并计算各频率点时的I_R、I_L和I_C（即U_r/r），以及$R=U/I_R$、$X_L=U/I_U$及$X_C=U/I_C$。

注意：在接通 C 测试时，信号源的频率应控制在 200～2500Hz。

（2）用双踪示波器观察在不同频率下各元件阻抗角的变化情况，按图 5-3 记录n和m，算出φ。

（3）测量 R、L、C 元件串联的阻抗角频率特性。

五、实验注意事项

（1）交流毫伏表属于高阻抗电表，测量前必须先调零。

（2）测φ时，示波器的“V/div”和“t/div”的微调旋钮应设置在校准位置。

六、思考题

1. 根据实验数据，在方格纸上绘制 R、L、C 三个元件的阻抗频率特性曲线，从中可得出什么结论？

2. 根据实验数据，在方格纸上绘制 R、L、C 三个元件串联的阻抗角频率特性曲线，从中可得出什么结论？

3. 总结心得体会及其他。

实验六　正弦交流电路及功率因素提高的设计

一、实验目的

（1）掌握正弦稳态交流电路中电压、电流相量之间的关系。
（2）掌握日光灯线路的连接方法。
（3）理解改善电路功率因数的意义并掌握其方法。
（4）学习功率表的正确使用方法。

二、实验原理

（1）在单相正弦交流电路中，用交流电流表测得各支路的电流值，用交流电压表测得回路各元件两端的电压值，他们之间的关系满足相量形式的基尔霍夫定律，即$\sum I=0$和$\sum U=0$。

（2）如图 6-1 所示的 RC 串联电路，在正弦稳态信号U的激励下，U_R与U_C保持 90º 的相位差，即当R阻值改变时，U_R的相量轨迹是一个半圆。U、U_C与U_R三者形成一个直角形的电压三角形，如图 6-2 所示。R值改变时，可改变φ角的大小，从而达到移相的目的。

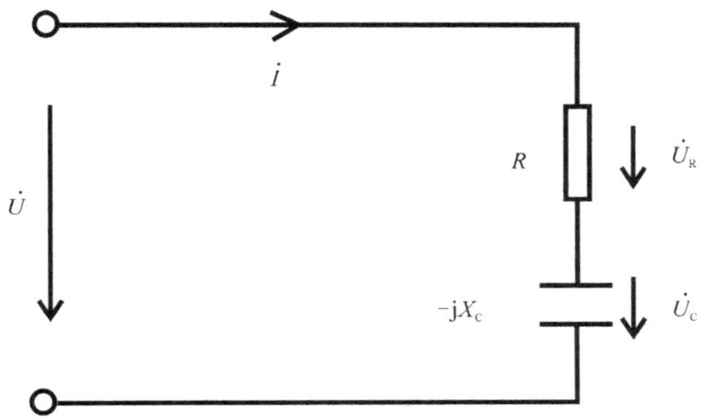

图 6-1　RC 串联电路

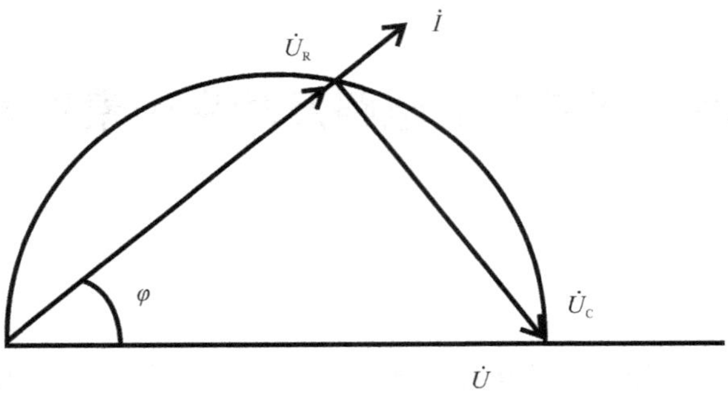

图 6-2 U_R 与 U_C 相位差

（3）日光灯线路如图 6-3 所示，图中 A 是日光灯管，L 是镇流器，S 是启辉器，C 是补偿电容器，用以改善电路的功率因数（$\cos\varphi$ 值）。有关日光灯的工作原理请自行查阅有关资料。

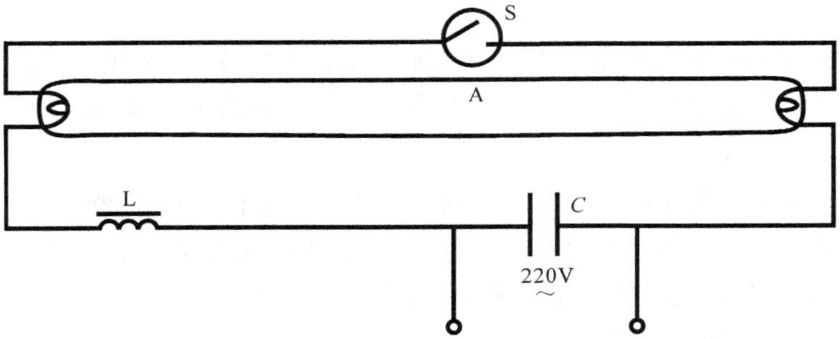

图 6-3 日光灯线路接线图

三、实验设备

实验设备如表 6-1 所示。

表 6-1 实验设备

序号	名称	型号与规格	数量	备注
1	交流电压表	0～500V	1	
2	交流电流表	0～5A	1	
3	功率表		1	DGJ-7
4	自耦调压器		1	
5	镇流器、启辉器	与 40W 灯管配用	各 1	DGJ-4
6	日光灯灯管	40W	1	屏内

续表

序号	名称	型号与规格	数量	备注
7	电容器	1μF，2.2μF，4.7μF/500V	各 1	DGJ-5
8	白炽灯及灯座	220V，15W	1~3	DGJ-4
9	电流插座		3	DGJ-4

四、实验内容

（1）按图 6-1 接线。R 为 220V、15W 的白炽灯泡，电容器为 4.7μF / 450V 。经指导教师检查后，接通实验台电源，将自耦调压器输出（即 U ）调至 220V。记录 U 、U_R 、U_C 值，验证电压三角形关系，将数据记入表 6-2 中。

表 6-2　实验数据

测量值			计算值		
U / V	U_R / V	U_C / V	U'（与 U_R，U_C 组成 RtΔ）/V $\left(U'=\sqrt{U_R^2+U_C^2}\right)$	$\Delta U=(U'-U)$ / V	$(\Delta U / U)\times 100\%$

（2）日光灯线路接线与测量。按图 6-4 接线。经指导教师检查后接通实验台电源，调节自耦调压器的输出，使其输出电压缓慢增大，直到日光灯刚启辉点亮为止，记下三表的指示值。然后将电压调至 220V，测量功率 P，电流 I，电压 U，以及 U_L，U_A 等值，验证电压、电流向量关系，将数据记入表 6-3 中。

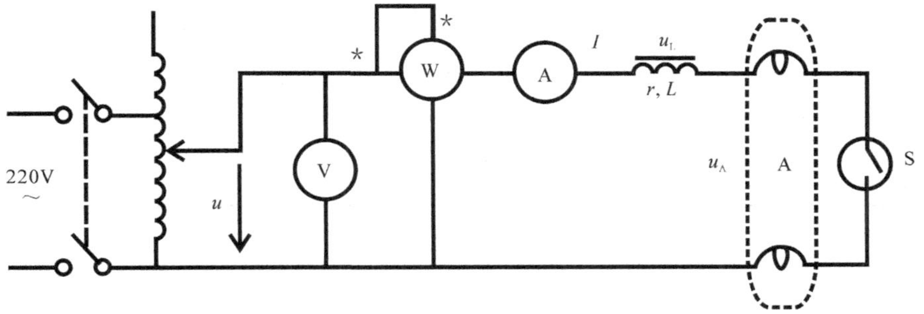

图 6-4　日光灯线路接线图

表 6-3　实验数据

	测量数值						计算值	
	P / W	$\cos\varphi$	I / A	U / V	U_L / V	U_A / V	r / Ω	$\cos\varphi$
启辉值								
正常工作值								

（3）并联电路——电路功率因数的改善。按图 6-5 组成实验线路。经指导老师检查后，接通实验台电源，将自耦调压器的输出调至 220V，记录功率表、电压表读数。通过一只电流表和三个电流插座分别测得三条支路的电流，改变电容值，进行三次重复测量，将数据记入表 6-4 中。

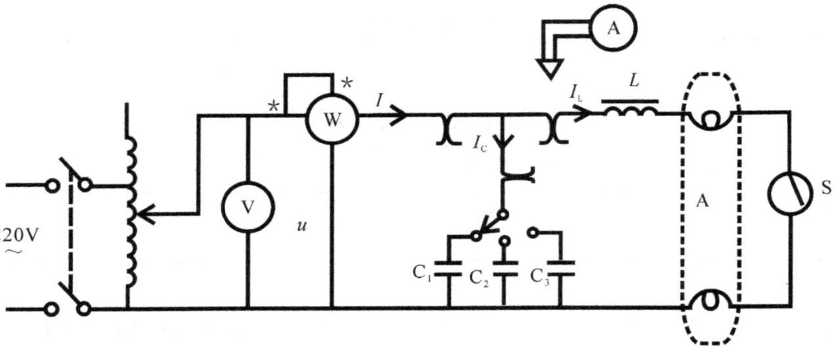

图 6-5　并联电路

表 6-4　实验数据

电容值/μF	测量数值						计算值	
	P / W	$\cos\varphi$	U / V	I / A	I_L / A	I_C / A	I' / A	$\cos\varphi$
0								
1								
2.2								
4.7								
5.7								

五、实验注意事项

（1）本实验用交流市电 220V，务必注意用电和人身安全。

（2）功率表要正确接入电路。

（3）线路接线正确，日光灯不能启辉时，应检查启辉器及其接触是否良好。

六、思考题

1. 完成数据表中的计算，进行必要的误差分析。

2. 为了改善电路的功率因数，常在感性负载上并联电容器，这就增加了一条电流支路，试问电路的总电流是增大还是减小，此时感性元件上的电流和功率是否改变？

3. 提高线路功率因数为什么只采用并联电容器法，而不用串联法？并联的电容器是否越大越好？

4. 总结连接日光灯线路的心得体会及其他。

实验七　三相电路

一、实验目的

（1）掌握三相负载作星形连接、三角形连接的方法，验证这两种接法下线、相电压及线、相电流之间的关系。

（2）充分了解三相四线供电系统中中线的作用。

（3）掌握一瓦特表法、二瓦特表法测量三相电路有功功率与无功功率的方法。

（4）熟练掌握功率表的接线和使用方法。

二、实验原理

（1）三相负载可接成星形（又称 Y 连接）或三角形（又称△连接）。当三相对称负载作 Y 连接时，线电压 U_L 是相电压 U_P 的 $\sqrt{3}$ 倍。线电流 I_L 等于相电流 I_P，即 $U_L=\sqrt{3}U_P$，$I_L=I_P$。

在这种情况下，流过中线的电流 $I_0=0$，所以可以省去中线。

当对称三相负载作△连接时，有 $I_L=\sqrt{3}I_P$，$U_L=U_P$。

（2）不对称三相负载作 Y 连接时，必须采用三相四线制接法，即 Y_o 接法。而且中线必须牢固连接，以保证三相不对称负载的每相电压维持对称不变。

倘若中线断开，会导致三相负载电压的不对称，致使负载轻的那一相的相电压过高，使负载遭受损坏；负载重的一相相电压又过低，使负载不能正常工作。尤其是三相照明负载，一律无条件地采用 Y_O 接法。

（3）当不对称负载作△连接时，$I_L\neq\sqrt{3}I_P$，但只要电源的线电压 U_L 对称，加在三相负载上的电压仍是对称的，对各相负载工作没有影响。对于三相四线制供电的三相星形连接的负载（即 Y_O 接法），可用一只功率表测量各相的有功功率 P_A、P_B、P_C，则三相负载的总有功功率 $\sum P=P_A+P_B+P_C$。这就是一瓦特表法，如图 7-1 所示。若三相负载是对称的，则只需测量一相的功率，再乘以 3 即得三相总的有功功率。

（4）三相三线制供电系统中，不论三相负载是否对称，也不论负载是 Y 连接还是△连接，都可用二瓦特表法测量三相负载的总有功功率。测量线路如图 7-2 所示。若负载为感性或容性，且当相位差$\varphi>60°$时，线路中的一只功率表指针将反偏（数字式功率表将出现负读数），这时应将功率表电流线圈的两个端子调换（不能调换电压线圈端子），其读数应记为负值。而三相总功率$\sum P=P_1+P_2$（P_1、P_2本身不含任何意义）。

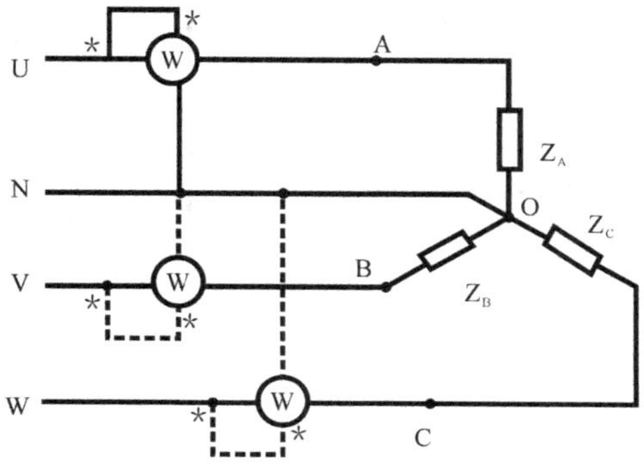

图 7-1　一瓦特表法

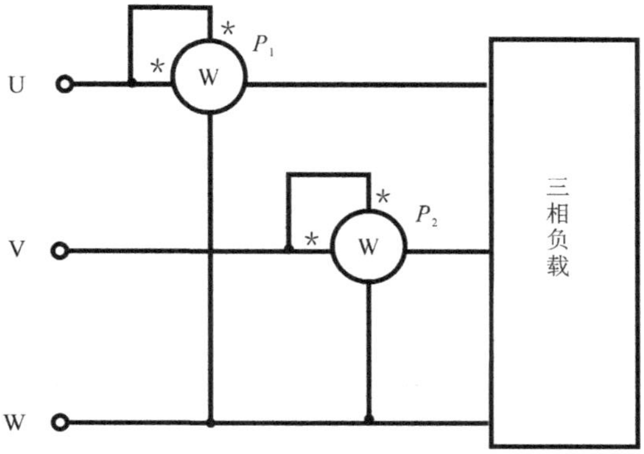

图 7-2　二瓦特表法测量线路

除了如图 7-2 所示的I_A、U_{AC}与I_B、U_{BC}接法外，还有I_B、U_{AB}与I_C、U_{AC}以及I_A、U_{AB}与I_C、U_{BC}两种接法。

（5）对于三相三线制供电的三相对称负载，可用一瓦特表法测得三相负载的总无功功率Q，测试原理线路如图 7-3 所示。

图示功率表读数的$\sqrt{3}$倍，即为对称三相电路总的无功功率。除了此图给出的连接法（I_U、U_{VW}）外，还有另外两种连接法，即（I_V、U_{UW}）或（I_W、U_{UV}）。

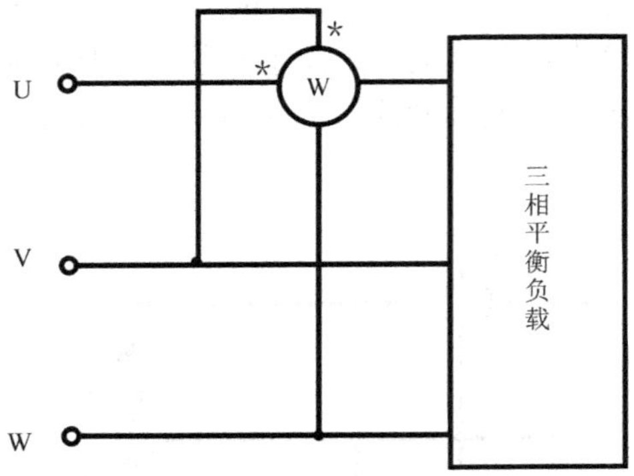

图 7-3　一瓦特表法测试原理线路

三、实验设备

实验设备如表 7-1 所示。

表 7-1　实验设备

序号	名称	型号与规格	数量	备注
1	交流电压表	0～500V	1	
2	交流电流表	0～5A	1	
3	万用电表		1	自备
4	三相自耦调压器		1	
5	三相灯组负载	220V，15W 白炽灯	9	DGJ-4
6	电门插座		3	DGJ-4
7	单相功率表		2	DGJ-7
8	三相电容负载	1μF，2.2μF，4.7μF/ 500V	各 3	DGJ-5

四、实验内容

1. 三相负载星形连接（三相四线制供电）

按图 7-4 线路组接实验电路。即三相灯组负载经三相自耦调压器接通三相对称电源。将三相调压器的旋柄置于输出为 0V 的位置（即逆时针旋到底）。经指导教师检查合格后，方可开启实验台电源，然后调节调压器的输出，使输出的三相线电压为 220V，并按下述内容完成各项实验，分别测量三相负载的线电压、相电压、线电流、相电流、中线电流、电源与负载中点间的电压。将所测得的数据记入表 7-2 中，并观察各相灯组亮暗的变化程度，特别要注意观察中线的作用。

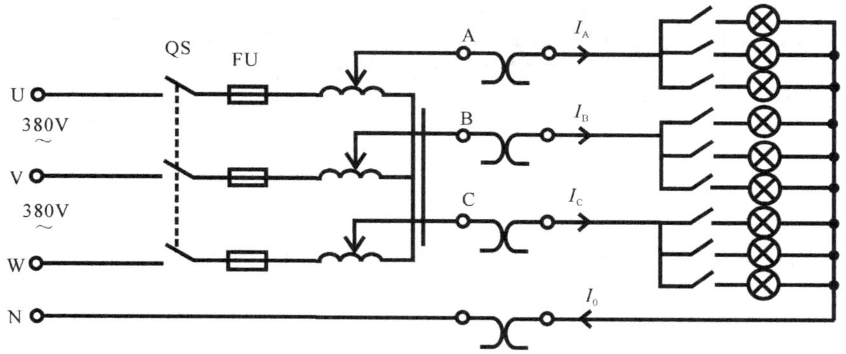

图 7-4　负载星形连接电路图

表 7-2　实验数据

测量数据 / 实验内容（负载情况）	开灯盏数			线电流/A			线电压/V			相电压/V			中线电流	中点电压
	A相	B相	C相	I_A	I_B	I_C	U_{AB}	U_{BC}	U_{CA}	U_{A0}	U_{B0}	U_{C0}	I_0 / A	U_{N0} / V
Y_O 接平衡负载	3	3	3											
Y_O 接不平衡负载	1	2	3											
Y 接平衡负载	3	3	3											
Y 接不平衡负载	1	2	3											
Y_O 接 B 相断开	1		3											
Y 接 B 相断开	1		3											
Y 接 B 相短路	1		3											

2. 负载三角形连接（三相三线制供电）

按图 7-5 改接线路，经指导教师检查合格后接通三相电源，并调节调压器，使其输出线电压为 220V，并按表 7-3 的内容进行测试。将数据记入表 7-3 中。

表 7-3　实验数据

测量数据 / 负载情况	开灯盏数			线电压=相电压/V			线电流/A			相电流/A		
	A-B 相	B-C 相	C-A 相	U_{AB}	U_{BC}	U_{CA}	I_A	I_B	I_C	I_{AB}	I_{BC}	I_{CA}
三相平衡	3	3	3									
三相不平衡	1	2	3									

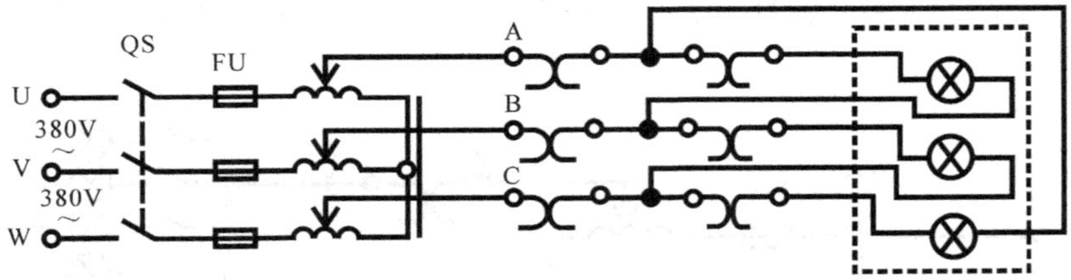

图 7-5 负载三角形连接电路图

3. 用一瓦特表法测定三相对称 Y_O 接、不对称 Y_O 接负载的总功率 $\sum P$

实验按图 7-6 线路接线。线路中的电流表和电压表用以监视该相的电流和电压，使其不要超过功率表电压和电流的量程。经指导教师检查后，接通三相电源，调节调压器输出，使输出线电压为 220V，按表 7-4 的要求进行测量及计算。

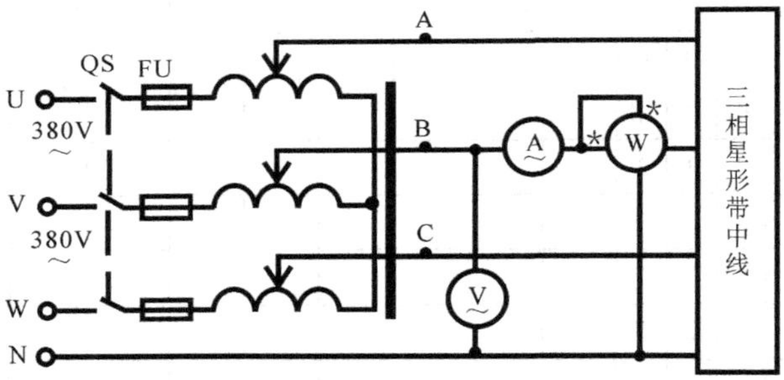

图 7-6 一瓦特表法测三相对称 Y_O 接、不对称 Y_O 接负载总功率

表 7-4 实验数据

负载情况	开灯盏数			测量数据			计算值
	A 相	B 相	C 相	P_A / W	P_B / W	P_C / W	$\sum P$ / W
Y_O 接对称负载	3	3	3				
Y_O 接不对称负载	1	2	3				

首先将三只表按图 7-6 接入 B 相进行测量，然后分别将三只表换接到 A 相和 C 相，再进行测量。将实验数据记入表 7-4 中。

4. 用二瓦特表法测定三相负载的总功率

（1）按图 7-7 接线，将三相灯组负载接成 Y 连接法。

经指导教师检查后，接通三相电源，调节调压器的输出线电压为220V，按表7-5的内容进行测量。

（2）将三相灯组负载改成△接法，重复（1）的测量步骤，然后将数据记入表7-5中。

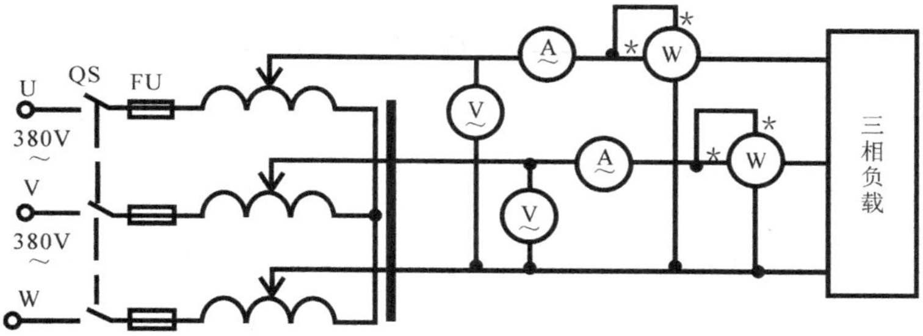

图 7-7　二瓦特表法测三相负载总功率

表 7-5　实验数据

负载情况	开灯盏数			测量数据		计算值
	A相	B相	C相	P_1 / W	P_2 / W	$\sum P$ / W
Y连接平衡负载	3	3	3			
Y连接不平衡负载	1	2	3			
△连接不平衡负载	1	2	3			
△连接平衡负载	3	3	3			

（3）将两只瓦特表依次按另外两种接法接入线路，重复（1）、（2）的测量。（表自拟）

5. 用一瓦特表法测定三相对称星形负载的无功功率

按图7-8所示的电路接线。

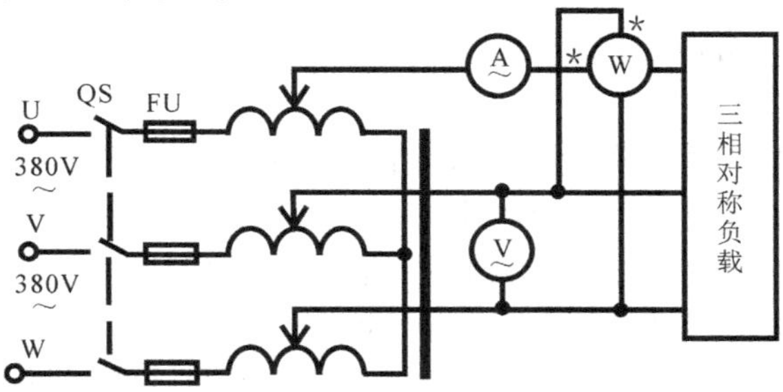

图 7-8　三相对称星形负载无功功率电路图

（1）每相负载由白炽灯和电容器并联而成，由开关控制其接入。检查接线无误后，接通三相电源，将调压器的输出线电压调到 220V，读取三表的读数，并计算无功功率$\sum Q$，将数据记入表 7-6 中。

（2）分别按I_V、U_{UW}和I_W、U_{UW}接法，重复步骤（1）的测量，并比较各自的$\sum Q$值。

表 7-6　实验数据

接法	负载情况	测量值			计算值
		U / V	I / A	Q / var	$\sum Q=\sqrt{3}Q$ / var
I_U，U_{VW}	①三相对称灯组（每相开 3 盏）				
	②三相对称电容器（每相 4.7μF）				
	①、②的并联负载				
I_U，U_{UW}	①三相对称灯组（每相开 3 盏）				
	②三相对称电容器（每相 4.7μF）				
	①、②的并联负载				
I_W，U_{UV}	①三相对称灯组（每相开 3 盏）				
	②三相对称电容器（每相 4.7μF）				
	①、②的并联负载				

五、实验注意事项

（1）本实验采用三相交流市电，线电压为 380V，进实验室应穿绝缘鞋。实验时要注意人身安全，不可触及导电部件，防止意外事故发生。

（2）每次接线完毕，同组同学应自查一遍，然后由指导教师检查后，方可接通电源，必须严格遵守先断电、再接线、后通电及先断电、后拆线的实验操作原则。

（3）星形负载作短路实验时，必须首先断开中线，以免发生短路事故。

（4）为避免烧坏灯泡，DGJ-4 实验挂箱内设有过压保护装置。当任一相电压大于 245V 时，其将会声光报警并跳闸。因此，在做 Y 连接不平衡负载或缺相实验时，所加线电压应以最高相电压小于 240V 为宜。

（5）每次实验完毕，必须将三相调压器旋柄调回零位。每次改变接线，必须断开三相电源，以确保人身安全。

六、思考题

1. 用实验测得的数据验证对称三相电路中的$\sqrt{3}$关系。

2. 根据实验数据和观察到的现象，总结三相四线供电系统中中线的作用。

3. 不对称三角形连接的负载，能否正常工作？实验是否能证明这一点？

4. 根据不对称负载三角形连接时的相电流值作相量图，并求出线电流值，然后与实验测得的线电流值作比较，并进行分析。

5. 总结、分析三相电路功率测量的方法与结果。

6. 总结心得体会及其他。

实验八　单相变压器

一、实验目的

（1）了解变压器的构造和铭牌数据的意义。
（2）掌握判断变压器绕组极性的方法。
（3）学会测定变压器的外特性和电压调整率。
（4）学会正确使用自耦调压器。

二、实验原理

（1）图 8-1 为测试变压器参数的电路。

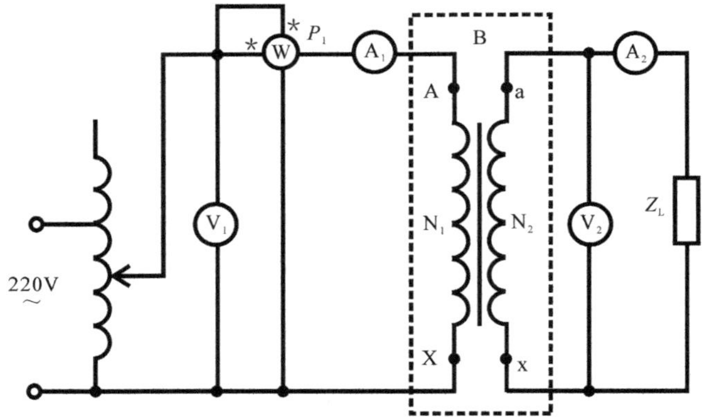

图 8-1　变压器参数测试电路

由各仪表读得变压器原边（AX，低压侧）的 U_1、I_1、P_1 及副边（ax，高压侧）的 U_2、I_2，并用万用电表 R×1 挡测出原、副绕组的电阻 R_1 和 R_2，即可算得变压器的以下各项参数值：

电压比　$K_U = \dfrac{U_1}{U_2}$

电流比　$K_I = \dfrac{I_2}{I_1}$

原边阻抗　$Z_1 = \frac{U_1}{I_1}$

副边阻抗　$Z_2 = \frac{U_2}{I_2}$

阻抗比　$|Z| = \frac{Z_1}{Z_2}$

负载功率　$P_2 = U_2 I_2 \cos\varphi_2$

损耗功率　$P_o = P_1 - P_2$

功率因数　$\cos\varphi = \frac{P_1}{U_1 I_1}$

原边线圈铜耗　$P_{cu1} = I_1^2 R_1$

副边铜耗　$P_{cu2} = I_2^2 R_2$

铁耗　$P_{Fe} = P_o - (P_{cu1} + P_{cu2})$

（2）铁芯变压器是一个非线性元件，铁心中的磁感应强度B决定于外加电压的有效值U。当副边开路（即空载）时，原边的励磁电流I_{10}与磁场强度H成正比。在变压器中，副边空载时，原边电压与电流的关系称为变压器的空载特性，这与铁芯的磁化曲线（B-H曲线）是一致的。

空载实验通常是将高压侧开路，由低压侧通电进行测量，又因空载时功率因数很低，故测量功率时应采用低功率因数瓦特表。此外，因变压器空载时阻抗很大，故电压表应接在电流表外侧。

（3）变压器外特性测试。

为了满足三组灯泡负载额定电压为220V的要求，以变压器36V的低压绕组作为原边，220V的高压绕组作为副边，即将其当作一台升压变压器使用。

保持原边电压U_1（36V）不变，逐次增加灯泡负载（每只灯泡为15W），测定U_1、U_2、I_1和I_2，即可绘出变压器的外特性，即负载特性曲线$U_2 = f(I_2)$。

三、实验设备

实验设备如表8-1所示。

表8-1　实验设备

序号	名称	型号与规格	数量	备注
1	交流电压表	0～450V	2	
2	交流电流表	0～5A	2	
3	单相功率表		1	DGJ-7

续表

序号	名称	型号与规格	数量	备注
4	试验变压器	220V/36V，50V·A	1	DGJ-4
5	自耦调压器		1	
6	白炽灯	220V，15W	5	DGJ-4

四、实验内容

（1）判断变压器线圈同名端的方法。

① *直流法*。

如图 8-2 所示，在开关 S 闭合瞬间，若毫安表的指针正偏，则可断定“1”、“3”为同名端；指针反偏，则“1”、“4”为同名端。

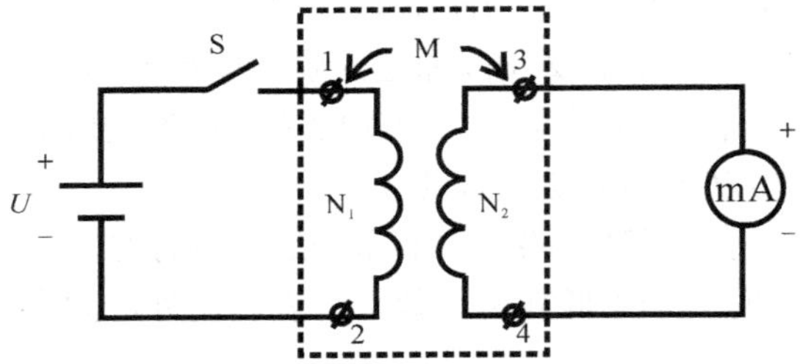

图 8-2 流法

②*交流法*。

如图 8-3 所示，将两个绕组 N_1 和 N_2 的任意两端（如“2”、“4”端）联在一起，在其中的一个绕组（如 N_1）两端加一个低电压，另一绕组（如 N_2）开路，用交流电压表分别测出端电压 U_{13}、U_{12} 和 U_{34}。若 U_{13} 是两个绕组端电压之差，则“1”、“3”是同名端；若 U_{13} 是两绕组端电压之和，则“1”、“4”是同名端。

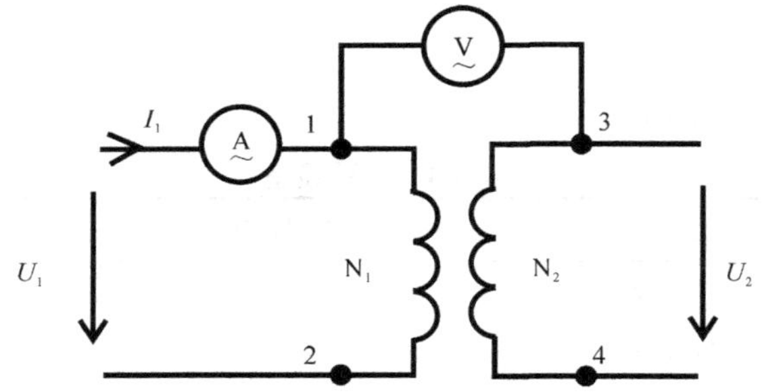

图 8-3 交流法

（2）按图 8-1 线路接线，其中 A、X 为变压器的低压绕组，a、x 为变压器的高压绕组。即电源经屏内调压器接至低压绕组，高压绕组 220V 接 Z_L，即 15W 的灯组负载（3 只灯泡并联），经指导教师检查后方可进行实验。

（3）将调压器手柄置于输出电压为零的位置（逆时针旋到底），合上电源开关，并调节调压器，使其输出电压为 36V。令负载开路并逐次增加负载（最多亮 5 个灯泡），分别记下 5 个仪表的读数，记入自拟的数据表，绘制变压器外特性曲线。实验完毕将调压器调回零位，断开电源。

当负载为 4 个或 5 个灯泡时，变压器已处于超载运行状态，很容易烧坏。因此，测试和记录应尽量快，总共不应超过 3 分钟。实验时，可先将 5 只灯泡并联安装好，断开控制每个灯泡的相应开关，通电且电压调至规定值后，再逐一打开各个灯的开关，并记录仪表读数。待开 5 灯的数据记录完毕后，立即用相应的开关断开各灯。

（4）将高压侧（副边）开路，确认调压器处在零位后，合上电源，调节调压器输出电压，使 U_1 从零逐次上升到 1.2 倍的额定电压（1.2×36V），分别记下各次测得的 U_1、U_{20} 和 I_{10} 数据，记入自拟的数据表，用 U_1 和 I_{10} 绘制变压器的空载特性曲线。

五、实验注意事项

（1）本实验是将变压器作为升压变压器使用，并用调节调压器提供原边电压 U_1，故使用调压器时应首先调至零位，然后才可合上电源。此外，必须用电压表监视调压器的输出电压，防止被测变压器输出过高电压而损坏实验设备，且要注意安全，以防高压触电。

（2）由负载实验转到空载实验时，要注意及时变更仪表量程。

（3）遇异常情况，应立即断开电源，待处理好故障后，再继续实验。

六、思考题

1. 根据实验内容，自拟数据表，绘出变压器的外特性和空载特性曲线。
2. 根据额定负载时测得的数据，计算变压器的各项参数。
3. 计算变压器的电压调整率，$\Delta U=[(U_{20}-U_{2N})/U_{20}]\times100\%$。
4. 总结心得体会及其他。

实验九　三相鼠笼式异步电动机

一、实验目的

（1）熟悉三相鼠笼式异步电动机的结构和额定值。
（2）学习电机绝缘电阻和转速的测量方法。
（3）学习三相异步电动机定子绕组首、末端的判别方法。
（4）掌握三相鼠笼式异步电动机的正确接线、启动和反转方法。

二、实验原理

1. 三相鼠笼式异步电动机的结构

异步电动机是基于电磁原理把交流电能转换为机械能的一种旋转电机。三相鼠笼式异步电动机的基本结构有定子和转子两大部分。

定子主要由定子铁心、三相对称定子绕组和机座等组成，是电动机的静止部分。三相定子绕组一般有六根引出线，出线端装在机座外面的接线盒内，如图 9-1 所示，根据三相电源电压的不同，三相定子绕组可以接成星形（Y）或三角形（△），然后与三相交流电源相连。

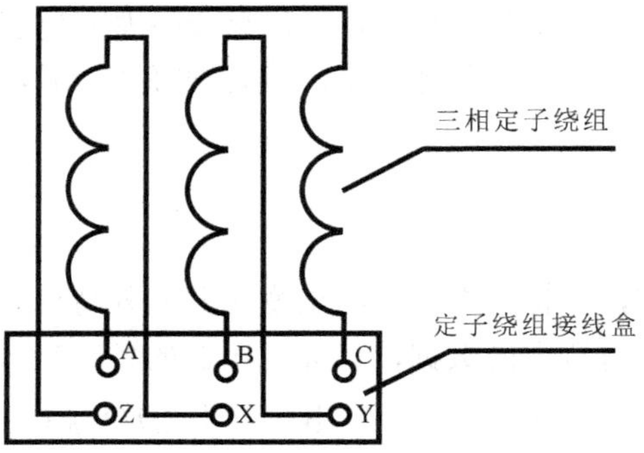

图 9-1　三相鼠笼式异步电动机的基本结构

转子主要由转子铁心、转轴、鼠笼式转子绕组、风扇等组成，是电动机的旋转部分。小容量鼠笼式异步电动机的转子绕组大都采用铝浇铸而成，冷却方式一般都采用扇冷式。

2. 三相鼠笼式异步电动机的铭牌

三相鼠笼式异步电动机的额定值标记在电动机的铭牌上，本实验装置三相鼠笼式异步电动机铭牌如下所示：

型号	DJ24	电压	380V/220V	接法	Y/△
功率	180W	电流	1.13A/0.65A	转速	1400r/min
定额	连续				

其中，

（1）功率——额定运行情况下，电动机轴上输出的机械功率。

（2）电压——额定运行情况下，定子三相绕组应加的电源线电压值。

（3）接法——定子三相绕组接法，当额定电压为 380V/220V 时，应为 Y/△接法。

（4）电流——额定运行情况下，当电动机输出额定功率时，定子电路的线电流值。

3. 三相鼠笼式异步电动机的检查

电动机使用前应做必要的检查。

1）机械检查

检查引出线是否齐全、牢靠，转子转动是否灵活、匀称、有否异常声响等。

2）电气检查

（1）用兆欧表检查电机绕组间及绕组与机壳之间的绝缘性能。

电动机的绝缘电阻可以用兆欧表进行测量。对额定电压 1kV 以下的电动机，其绝缘电阻值最低不得小于 1000Ω/V，测量方法如图 9-2 所示。一般 500V 以下的中小型电动机最低应具有 2MΩ 的绝缘电阻。

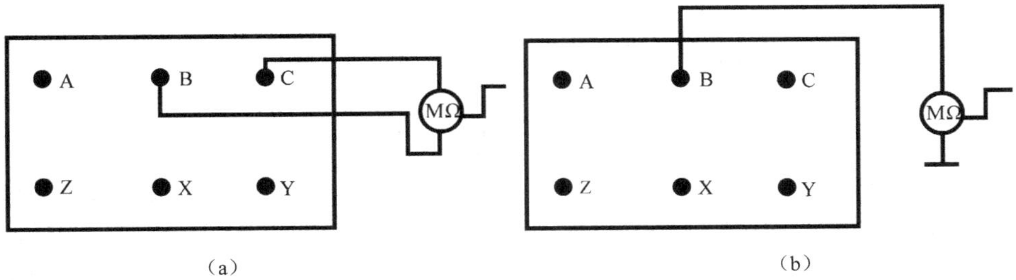

图 9-2　电动机绝缘电阻测量方法

（2）定子绕组首、末端的判别。

异步电动机三相定子绕组的六个出线端有三个首端和三相末端。一般，首端标以 A、B、C，末端标以 X、Y、Z，在接线时如果没有按照首、末端的标记来接，则当电动机启动时磁势和电流就会不平衡，因而引起绕组发热、振动、有噪音，甚至电动机不能启动并因过热而烧毁。由于某种原因定子绕组六个出线端标记无法辨认，可以通过实验方法来判别其首、末端（即同名端）。方法如下：

用万用电表欧姆挡从六个出线端确定哪一对引出线是属于同一相的，分别找出三相绕组，并标以符号，如 A、X，B、Y，C、Z。将其中的任意两相绕组串联，如图 9-3 所示。

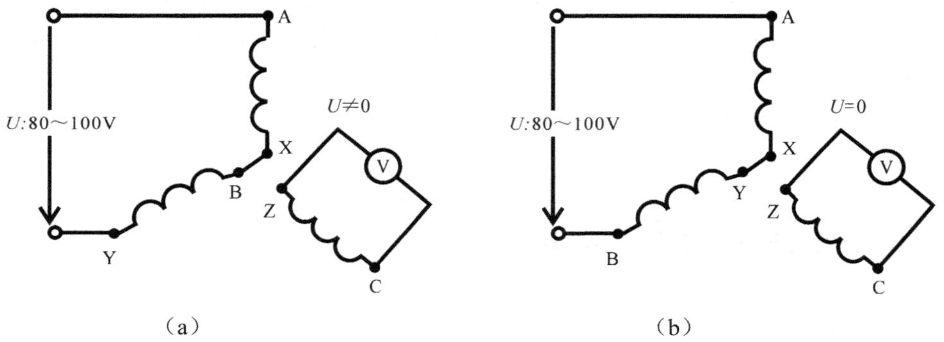

图 9-3　定子绕组首、末端的判别

将控制屏三相自耦调压器手柄置零位，开启电源总开关，按下启动按钮，接通三相交流电源。调节调压器输出，使其在相串联两相绕组出线端施以单相低电压（U：80～100V），测出第三相绕组的电压，如测得的电压值有一定读数，表示两相绕组的末端与首端相联，如图 9-3（a）所示。反之，如测得的电压近似于零，则两相绕组的末端与末端（或首端与首端）相连，如图 9-3（b）所示。用同样的方法可测出第三相绕组的首末端。

4. 三相鼠笼式异步电动机的启动

鼠笼式异步电动机的直接启动电流可达额定电流的 4～7 倍，但持续时间很短，不致引起电机过热而烧坏。但对于容量较大的电机，过大的启动电流会导致电网电压的下降，进而影响其他的负载正常运行，所以通常采用降压启动，最常用的是 Y-△换接启动，他可使启动电流减小到直接启动电流的 1/3。其使用的条件是正常运行必须作△接法。

5. 三相鼠笼式异步电动机的反转

异步电动机的旋转方向取决于三相电源接入定子绕组时的相序，故只要改变三相电源与定子绕组连接的相序即可使电动机改变旋转方向。

三、实验设备

实验设备如表 9-1 所示。

表 9-1　实验设备

序号	名称	型号与规格	数量	备注
1	三相交流电源	380V、220V	1	
2	三相鼠笼式异步电动机	DJ24	1	
3	兆欧表	500V	1	自备
4	交流电压表	0～500V	1	
5	交流电流表	0～5A	1	
6	万用电表		1	自备
7	转速表		1	自备

四、实验内容

（1）抄录三相鼠笼式异步电动机的铭牌数据，并观察其结构。

（2）用万用电表判别定子绕组的首、末端，并测量每项绕组电阻值。将数据记入表 9-2 中。

（3）用兆欧表测量电动机的绝缘电阻。将数据记入表 9-2 中。

表 9-2　实验数据

各项绕组电阻/Ω			各项对机座（地）的绝缘电阻/MΩ			相间绝缘电阻/MΩ		
A 相	B 相	C 相	A 相	B 相	C 相	A、B 相	B、C 相	C、A 相

（4）鼠笼式异步电动机的直接启动。

①采用 380V 三相交流电源。

将三相自耦调压器手柄置于输出电压为零位置；控制屏上三相电压表切换开关置“调压输出”侧；根据电动机的容量选择合适的交流电流表量程。

开启控制屏上三相电源总开关，按启动按钮，此时自耦调压器原绕组端 U_1、

V_1、W_1得电，调节调压器输出使 U、V、W 端输出线电压为 380V，三只电压表指示应基本平衡。保持自耦调压器手柄位置不变，按停止按钮，自耦调压器断电。

a. 按图 9-4 接线，电动机三相定子绕组接成 Y 接法；供电线电压为 380V；实验线路中 Q1 及 FU 由控制屏上的接触器 KM 和熔断器 FU 代替,学生可由 U、V、W 端子开始接线, 以后各控制实验均同此。

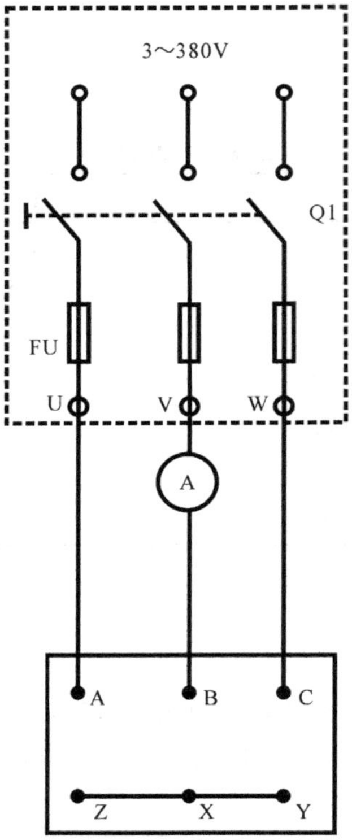

图 9-4 Y 接

b. 按控制屏上启动按钮，电动机直接启动，观察启动瞬间电流冲击情况及电动机旋转方向，记录启动电流。当启动运行稳定后，将电流表量程切换至较小量程挡位上，记录空载电流。将数据记入表 9-3 中。

c. 用转速表测量电机的转速。将数据记入表 9-3 中。

d. 电动机稳定运行后，突然拆出 U、V、W 中的任一相电源（注意小心操作，以免触电），观测电动机作单相运行时电流表的读数并记录。再仔细倾听电机的运行声音有何变化。将数据记入表 9-3 中。（可由指导教师作示范操作）

e. 电动机启动之前先断开 U、V、W 中的任一相，作缺相启动，观测电流表读数并记录，观察电动机是否启动，再仔细倾听电动机有否发出异常的声响。将数据记入表 9-3 中。

f. 实验完毕，按控制屏停止按钮，切断实验线路三相电源。

表 9-3　实验数据

测量项目	正常接线			运行中缺相	启动时缺相	
	启动电流/A	空载电流/A	空载转速/（r/min）	电流/A	启动电流/A	空载电流/A
数值						

②采用 220V 三相交流电源。

调节调压器输出使输出线电压为 220V，电动机定子绕组接成△接法。按图 9-5 接线，重复①中各项内容，将数据记录在表 9-4 中。

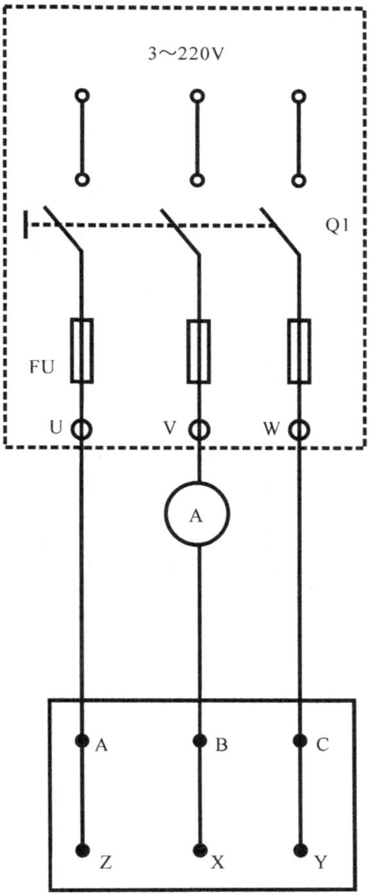

图 9-5　△接法

表 9-4 实验数据

测量项目	正常接线			运行中缺相	启动时缺相	
	启动电流/A	空载电流/A	空载转速/（r/min）	电流/A	启动电流/A	空载电流/A
数值						

（5）异步电动机的反转电路如图 9-6 所示，按控制屏启动按钮，启动电动机，观察启动电流及电动机旋转方向是否反转。

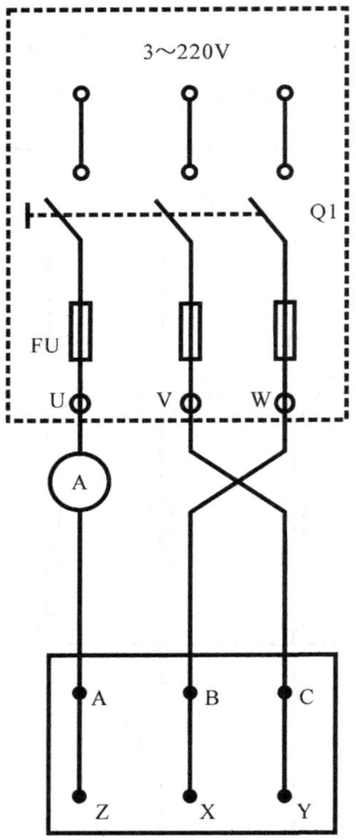

图 9-6 反转

实验完毕，将自耦调压器调回零位，按控制屏停止按钮，切断实验线路三相电源。

五、实验注意事项

（1）本实验系强电实验，接线（包括改接线路）前、实验后都必须断开实验线路的电源，特别是改接线路和拆线时必须遵守“先断电，后拆线”的原则。电机在运转时，电压和转速均很高，切勿触碰导电和转动部分，以免发生人身和设备事故。为了确保安全，学生应穿绝缘鞋进入实验室。接线或改接线路必须经指导教师检查后方可进行实验。

（2）启动电流持续时间很短，且只能在接通电源的瞬间读取电流表指针偏转的最大读数因指针偏转的惯性，此读数与实际的启动电流数据略有误差，如错过这一瞬间，须将电机停止，待停稳后，重新启动读取数据。

（3）单相（缺相）运行时间不能太长，以免过大的电流导致电机的损坏。

六、思考题

1. 根据三相鼠笼式异步电动机绝缘性能检查的结果，判断该电机是否完好可用。

2. 对三相鼠笼式异步电动机的启动、反转及各种故障情况进行分析。

3. 如何判断异步电动机的六个引出线，如何连接成 Y 或△，又根据什么来确定该电动机作 Y 接或△接？

4. 缺相是三相电动机运行中的一大故障，在启动或运转时发生缺相，会出现什么现象，有何后果？

5. 在电动机转子被卡住时，定子绕组接通三相电源会发生什么后果？

实验十　三相鼠笼式异步电动机的点动和自锁控制

一、实验目的

（1）通过对三相鼠笼式异步电动机点动控制和自锁控制线路的实际安装接线，掌握由电气原理图变换成安装接线图的知识。

（2）通过实验进一步理解点动控制和自锁控制的特点。

二、实验原理

（1）继电-接触控制在各类生产机械中获得广泛地应用，凡是需要进行前后、上下、左右、进退等运动的生产机械，均采用传统的典型的正、反转继电-接触控制。

交流电动机继电-接触控制电路的主要设备是交流接触器，其主要构造为：

①电磁系统——铁心、吸引线圈和短路环。

②触头系统——主触头和辅助触头，还可按吸引线圈得电前后触头的动作状态，分为动合（常开）、动断（常闭）两类。

③消弧系统——在切断大电流的触头上装有灭弧罩，以迅速切断电弧。

④接线端子，反作用弹簧等。

（2）在控制回路中常用接触器的辅助触头来实现自锁和互锁控制。要求接触器线圈得电后能自动保持动作后的状态，这就是自锁，通常用接触器自身的动合触头与启动按钮相并联来实现，以达到电动机的长期运行，这一动合触头称为“自锁触头”。使两个电器不能同时得电动作的控制，称为互锁控制，如为了避免正、反转两个接触器同时得电而造成三相电源短路事故，必须增设互锁控制环节。为操作的方便，也为防止因接触器主触头长期大电流的烧蚀而偶发触头粘连后造成的三相电源短路事故，通常在具有正、反转控制的线路中采用既有接触器的动断辅助触头的电气互锁，又有复合按钮机械互锁的双重互锁控制环节。

（3）控制按钮通常用于短时通、断小电流的控制回路，以实现近、远距离控制电动机等执行部件的起、停或正、反转控制。按钮专供人工操作使用。对于复合按钮，其触点的动作规律是：当按下时，其动断触头先断，动合触头后合；当松手时，则动合触头先断，动断触头后合。

（4）在电动机运行过程中，应对可能出现的故障进行保护。

采用熔断器作短路保护，当电动机或电器发生短路时，及时熔断熔体，达到保护线路、保护电源的目的。熔体熔断时间与流过的电流的关系称为熔断器的保护特性，这是选择熔体的主要依据。

采用热继电器实现过载保护，使电动机免受长期过载之危害。其主要的技术指标是整定电流值，即电流超过此值的20%时，其动断触头应能在一定时间内断开，切断控制回路，动作后只能由人工进行复位。

（5）在电气控制线路中，最常见的故障发生在接触器上。接触器线圈的电压等级通常有220V和380V等，使用时必须认清，切勿疏忽，否则，电压过高易烧坏线圈，若电压过低，吸力不够，不易吸合或吸合频繁，不但会产生很大的噪声，也会因磁路气隙增大，致使电流过大，也易烧坏线圈。此外，在接触器铁心的部分端面嵌装有短路铜环，其作用是为了使铁心吸合牢靠，消除颤动与噪声，若发生短路环脱落或断裂现象，接触器将会产生很大的振动与噪声。

三、实验设备

实验设备如表10-1所示。

表10-1　实验设备

序号	名称	型号与规格	数量	备注
1	三相交流电源	220V		
2	三相鼠笼式异步电动机	DJ24	1	
3	交流接触器		1	D61-2
4	按钮		2	D61-2
5	热继电器	D9305d	1	D61-2
6	交流电压表	0～500V		
7	万用电表		1	自备

四、实验内容

认识各电器的结构、图形符号、接线方法；抄录电动机及各电器铭牌数据；用万用电表欧姆挡检查各电器线圈、触头是否完好。

鼠笼机接成△接法；实验线路电源端接三相自耦调压器输出端U、V、W，供电线电压为220V。

1. 点动控制

按图 10-1 点动控制线路进行安装接线。接线时，先接主电路，即从 220V 三相交流电源的输出端 U、V、W 开始，经接触器 KM 的主触头，热继电器 FR 的热元件到电动机 M 的三个线端 A、B、C，用导线按顺序串联起来。主电路连接完整无误后，再连接控制电路，即从 220V 三相交流电源某输出端（如 V）开始，经过常开按钮 SB1、接触器 KM 的线圈、热继电器 FR 的常闭触头到三相交流电源另一输出端（如 W）。显然这是对接触器 KM 线圈供电的电路。

接好线路，经指导教师检查后，方可进行通电操作。

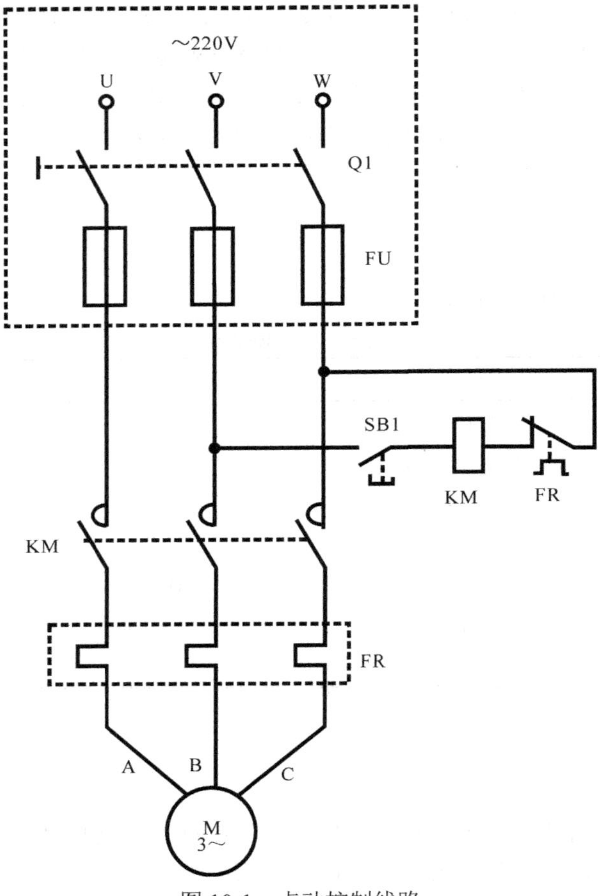

图 10-1　点动控制线路

（1）开启控制屏电源总开关，按启动按钮，调节调压器输出，使输出线电压为 220V。

（2）按启动按钮 SB1，对电动机 M 进行点动操作，比较按下 SB1 与松开 SB1

后电动机和接触器的运行情况。

（3）实验完毕，按控制屏停止按钮，切断实验线路三相交流电源。

2. 自锁控制电路

按图 10-2 所示自锁线路进行接线，他与图 10-1 的不同点在于控制电路中多串联了 1 只常闭按钮 SB2，同时在 SB1 上并联了 1 只接触器 KM 的常开触头，他起到自锁作用。

接好线路经指导教师检查后，方可进行通电操作。

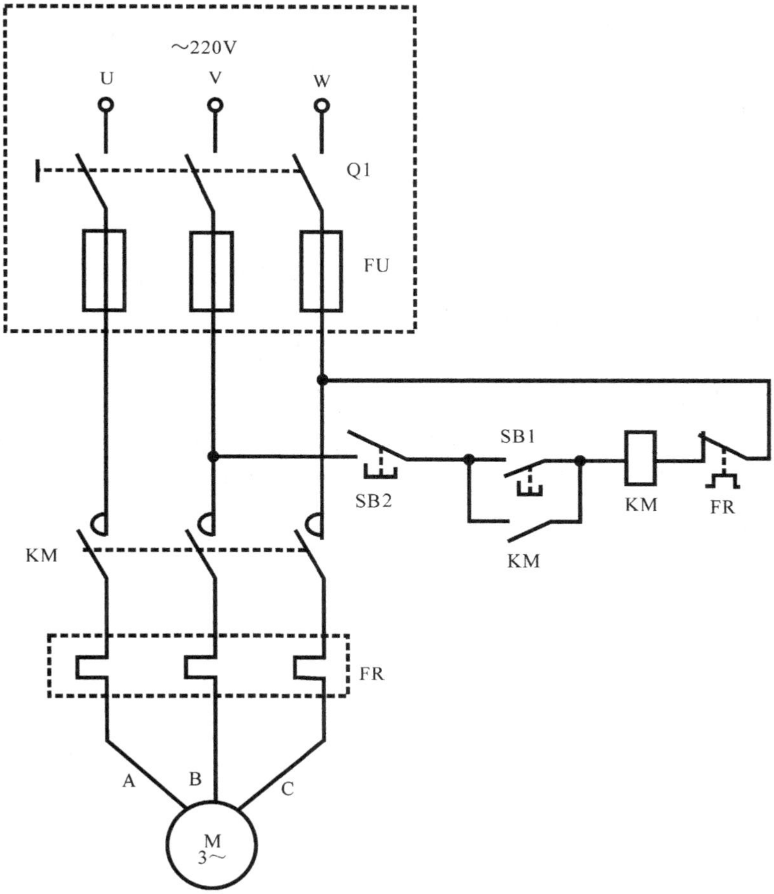

图 10-2　自锁控制线路

（1）按控制屏启动按钮，接通 220V 三相交流电源。

（2）按启动按钮 SB1，松手后观察电动机 M 是否继续运转。

（3）按停止按钮 SB2，松手后观察电动机 M 是否停止运转。

（4）按控制屏停止按钮，切断实验线路三相电源，拆除控制回路中自锁触头 KM，再接通三相电源，启动电动机，观察电动机及接触器的运转情况。从而验证自锁触头的作用。

实验完毕，将自耦调压器调回零位，按控制屏上停止按钮，切断实验线路的三相交流电源。

五、实验注意事项

（1）接线时合理安排挂箱位置，接线要求牢靠、整齐、清楚、安全可靠。

（2）操作时要胆大、心细、谨慎，不许用手触及各电器元件的导电部分及电动机的转动部分，以免触电及造成其他意外损伤。

（3）通电观察继电器动作情况时，要注意安全，防止碰触带电部位。

六、思考题

1. 试比较点动控制线路与自锁控制线路，从结构上看他们的主要区别是什么？从功能上看他们的主要区别是什么？

2. 自锁控制线路在长期工作后可能会失去自锁作用，试分析其原因。

3. 交流接触器线圈的额定电压为 220V，若误接到 380V 电源上会产生什么后果？反之，若接触器线圈电压为 380V，而电源线电压为 220V，其结果又如何？

4. 在主回路中，熔断器和热继电器热元件可否少用一只或两只？是否熔断器和热继电器只采用其中一种就可起到短路和过载保护作用？为什么？

实验十一　三相鼠笼式异步电动机正反转控制

一、实验目的

（1）通过对三相鼠笼式异步电动机正反转控制线路的安装接线，掌握根据电气原理图连接实际操作电路的方法。

（2）加深对电气控制系统保护、自锁、互锁等环节的理解。

（3）学会分析、排除继电-接触控制线路故障的方法。

二、实验原理

在鼠笼机正反转控制线路中，通过相序的更换来改变电动机的旋转方向。本实验给出两种不同的正、反转控制线路，如图 11-1 和图 11-2 所示。

（1）电气互锁。为了避免接触器 KM1（正转）、KM2（反转）同时得电吸合造成三相电源短路，在 KM1（KM2）线圈支路中串接 KM1（KM2）动断触头，保证线路工作时 KM1、KM2 不会同时得电，如图 11-1 所示，以达到电气互锁目的。

（2）电气和机械双重互锁。除电气互锁外，可再采用复合按钮 SB1 与 SB2 组成的机械互锁环节，如图 11-2 所示，以求线路工作更加可靠。

（3）线路具有短路、过载、失压、欠压保护等功能。

三、实验设备

实验设备如表 11-1 所示。

表 11-1　实验设备

序号	名称	型号与规格	数量	备注
1	三相交流电源	220V		
2	三相鼠笼式异步电动机	DJ24	1	
3	交流接触器	JZC4-40	2	D61-2
4	按钮		3	D61-2
5	热继电器	D9305d	1	D61-2

续表

序号	名称	型号与规格	数量	备注
6	交流电压表	0～500V	1	
7	万用电表		1	自备

四、实验内容

认识各电器的结构、图形符号、接线方法；抄录电动机及各电器铭牌数据；用万用电表欧姆挡检查各电器线圈、触头是否完好。

鼠笼机接成△接法；实验线路电源端接三相自耦调压器输出端 U、V、W，供电线电压为 220V。

1. 接触器联锁的正反转控制线路

按图 11-1 接线，经指导教师检查后，方可进行通电操作。

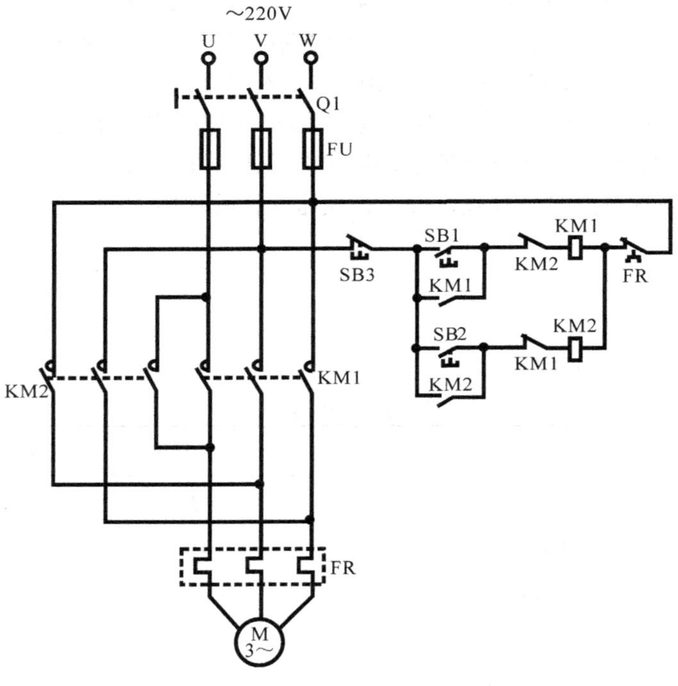

图 11-1 接触器联锁的正反转控制线路

（1）开启控制屏电源总开关，按启动按钮，调节调压器输出，使输出线电压为220V。

（2）按正向启动按钮 SB1，观察并记录电动机的转向和接触器的运行情况。

（3）按反向启动按钮 SB2，观察并记录电动机和接触器的运行情况。

（4）按停止按钮 SB3，观察并记录电动机的转向和接触器的运行情况。

（5）再按 SB2，观察并记录电动机的转向和接触器的运行情况。

（6）实验完毕，按控制屏停止按钮，切断三相交流电源。

2. 接触器和按钮双重联锁的正反转控制线路

按图11-2接线，经指导教师检查后，方可进行通电操作。

（1）按控制屏启动按钮，接通220V三相交流电源。

（2）按正向启动按钮 SB1，电动机正向启动，观察电动机的转向及接触器的动作情况；按停止按钮 SB3，使电动机停转。

（3）按反向启动按钮 SB2，电动机反向启动，观察电动机的转向及接触器的动作情况；按停止按钮 SB3，使电动机停转。

（4）按正向（或反向）启动按钮，电动机启动后，再去按反向（或正向）启动按钮，观察有何情况发生。

（5）电动机停稳后，同时按正、反向启动按钮，观察有何情况发生。

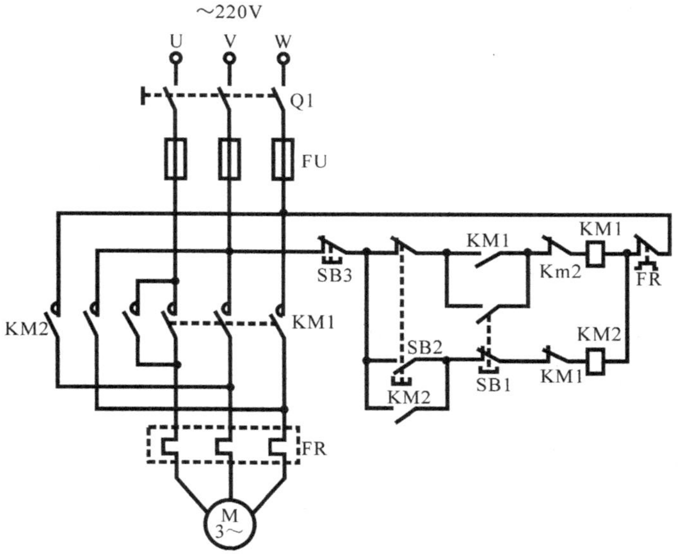

图11-2　接触器和按钮双重联锁的正反转控制线路

（6）失压与欠压保护。

①按启动按钮 SB1（或 SB2）电动机启动后，按控制屏停止按钮，断开实验线路三相电源，模拟电动机失压（或零压）状态，观察电动机与接触器的动作情况，随后，再按控制屏上启动按钮，接通三相电源，但不按 SB1（或 SB2)，观察电动机能否自行启动。

②重新启动电动机后，逐渐减小三相自耦调压器的输出电压，直至接触器释放，观察电动机是否自行停转。

（7）过载保护。

打开热继电器的后盖，当电动机启动后，人为拨动双金属片，模拟电动机过载情况，观察电机、电器动作情况。

注意：此项内容较难操作且危险，可由指导教师作示范操作。

实验完毕，将自耦调压器调回零位，按控制屏停止按钮，切断实验线路电源。

五、故障分析

（1）接通电源后，按启动按钮（SB1 或 SB2)，接触器吸合，但电动机不转且发出嗡嗡声响，或者虽能启动，但转速很慢，这种故障大多是主回路一相断线或电源缺相。

（2）接通电源后，按启动按钮（SB1 或 SB2)，若接触器通断频繁，且发出连续的噼啪声或吸合不牢，发出颤动声，此类故障原因可能是：

①线路接错，将接触器线圈与自身的动断触头串在了一条回路上。

②自锁触头接触不良，时通时断。

③接触器铁心上的短路环脱落或断裂。

④电源电压过低或与接触器线圈电压等级不匹配。

六、思考题

1. 在电动机正、反转控制线路中，为什么必须保证两个接触器不能同时工作？采用哪些措施可以解决此问题？这些方法有何利弊？最佳方案是什么？

2. 在控制线路中，短路、过载、失压、欠压保护等功能是如何实现的? 在实际运行过程中，这几种保护有何意义?

实验十二　三相鼠笼式异步电动机 Y-△降压启动控制

一、实验目的

（1）进一步提高按图接线的能力。

（2）了解时间继电器的结构、使用方法、延时时间的调整及在控制系统中的应用。

（3）熟悉异步电动机 Y-△降压启动控制的运行情况和操作方法。

二、实验原理

（1）按时间原则控制电路的特点是各个动作之间有一定的时间间隔，使用的元件主要是时间继电器。时间继电器是一种延时动作的继电器，他从接收信号（如线圈带电）到执行动作（如触点动作）具有一定的时间间隔。此时间间隔可按需要预先整定，以协调和控制生产机械的各种动作。时间继电器的种类通常有电磁式、电动式、空气式和电子式等。其基本功能可分为两类，即通电延时式和断电延时式，有的还带有瞬时动作式的触头。

时间继电器的延时时间通常可在 0.4～80s 范围内调节。

（2）按时间原则控制鼠笼式电动机 Y-△降压自动换接启动的控制线路如图 12-1 所示。

从主回路看，当接触器 KM1、KM2 主触头闭合，KM3 主触头断开时，电动机三相定子绕组作 Y 连接；而当接触器 KM1 和 KM3 主触头闭合，KM2 主触头断开时，电动机三相定子绕组作△连接。因此，所设计的控制线路若能先使 KM1 和 KM2 得电闭合，后经一定时间的延时，使 KM2 失电断开，而后使 KM3 得电闭合，则电动机就能实现降压启动后自动转换到正常工作运转。图 12-1 的控制线路能满足上述要求。该线路具有以下特点：

①接触器 KM3 与 KM2 通过动断触头 KM3（5-7）与 KM2（5-11）实现电气互锁，保证 KM3 与 KM2 不会同时得电，以防止三相电源的短路事故发生。

②依靠时间继电器 KT 延时动合触头（11-13）的延时闭合作用，保证在按下 SB1 后，使 KM2 先得电，并依靠 KT（7-9）先断，KT（11-13）后合的动作次序，保证 KM2 先断，而后再自动接通 KM3，也避免了换接时电源可能发生的短路事故。

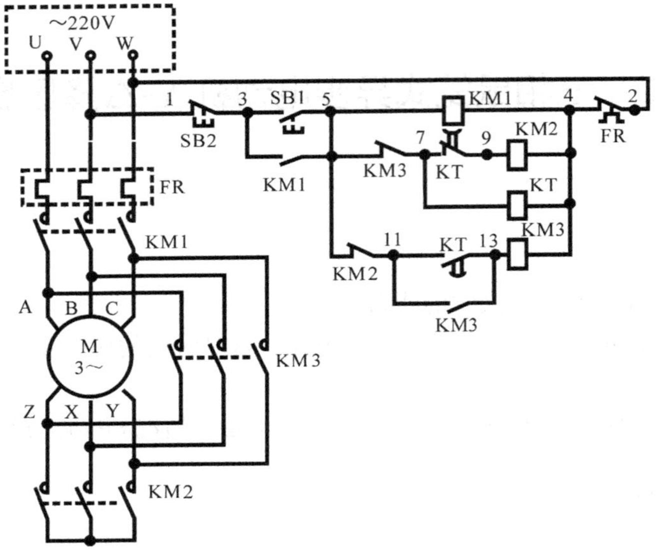

图 12-1　鼠笼式电动机 Y-△降压自动换接启动的控制线路

③本线路正常运行（△接）时，接触器 KM2 及时间继电器 KT 均处于断电状态。

④由于实验装置提供的三相鼠笼式电动机每相绕组额定电压为 220V，而 Y-△换接启动的使用条件是正常运行时电机必须作△接，故实验时，应将自耦调压器输出端（U、V、W）电压调至 220V。

三、实验设备

实验设备如表 12-1 所示。

表 12-1　实验设备

序号	名称	型号与规格	数量	备注
1	三相交流电源	220V	1	
2	三相鼠笼式异步电动机	DJ24	1	
3	交流接触器	JZC4-40	2	D61-2
4	时间继电器	ST3PA-B	1	D61-2
5	按钮		1	D61-2
6	热继电器	D9305d	1	D61-2
7	万用电表		1	自备
8	切换开关	三刀双掷	1	D62-2

四、实验内容

1. 时间继电器控制 Y-△自动降压启动线路

摇开 D61-2 挂箱的面板，观察空气阻尼式时间继电器的结构，认清其电磁线圈和延时动合、动断触头的接线端子。用手推动时间继电器衔铁，模拟继电器通电吸合动作，用万用电表欧姆挡测量触头的通与断，以此来大致判定触头延时动作的时间。通过调节进气孔螺钉，可整定所需的延时时间。

实验线路电源端接自耦调压器输出端（U、V、W），供电线电压为 220V。

（1）按图 12-1 线路进行接线，先接主回路，后接控制回路。要求按图示的节点编号从左到右、从上到下，逐行连接。

（2）在不通电的情况下，用万用电表欧姆挡检查线路连接是否正确，特别注意 KM2 与 KM3 两个互锁触头 KM3（5-7）与 KM2（5-11）是否正确接入。经指导教师检查后，方可通电。

（3）开启控制屏电源总开关，按控制屏启动按钮，接通 220V 三相交流电源。

（4）按启动按钮 SB1，观察电动机的整个启动过程以及各继电器的动作情况，记录 Y-△换接所需时间。

（5）按停止按钮 SB2，观察电机及各继电器的动作情况。

（6）调整时间继电器的整定时间，观察接触器 KM2、KM3 的动作时间是否相应地改变。

（7）实验完毕，按控制屏停止按钮，切断实验线路电源。

2. 接触器控制 Y-△降压启动线路

按图 12-2 线路接线，经指导教师检查后，方可进行通电操作。

（1）按控制屏启动按钮，接通 220V 三相交流电源。

（2）按下按钮 SB2，电动机作 Y 接法启动，注意观察，启动时电流表最大读数 $I_{\text{Y启动}}=$______A。

（3）稍后，待电动机转速接近正常转速时，按下按钮 SB2，使电动机为△接法正常运行。

（4）按停止按钮 SB3，电动机断电停止运行。

（5）先按按钮 SB2，再按按钮 SB1，观察电动机在△接法直接启动时的电流表最大读数 $I_{\triangle\text{启动}}=$______A。

（6）实验完毕，将三相自耦调压器调回零位，按控制屏停止按钮，切断实验线路电源。

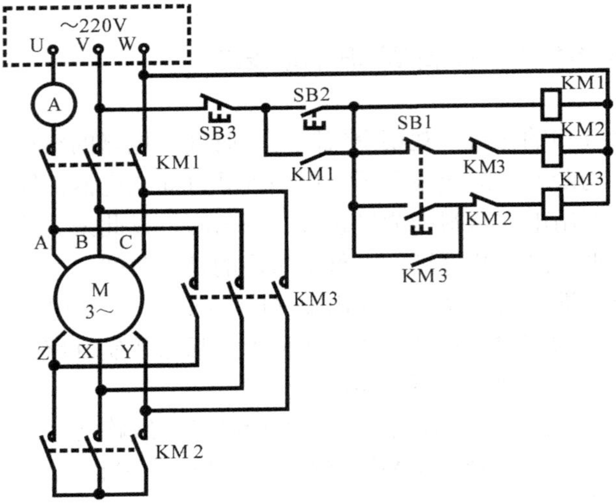

图 12-2 接触器控制 Y-△降压启动线路

3. **手动控制 Y-△降压启动控制线路**

按图 12-3 线路接线。

（1）开关 Q2 合向上方、使电动机为△接法。

（2）按控制屏启动按钮，接通 220V 三相交流电源，观察电动机在△接法直接启动时，电流表最大读数 $I_{\triangle启动}$=______A。

（3）按控制屏停止按钮，切断三相交流电源，待电动机停稳后，开关 Q2 合向下方，使电动机为 Y 接法。

（4）按控制屏启动按钮，接通 220V 三相交流电源，观察电动机在 Y 接法直接启动时，电流表最大读数 $I_{Y启动}$=______A。

（5）按控制屏停止按钮，切断三相交流电源，待电动机停稳后，操作开关 Q2，使电动机作 Y-△降压启动。

①先将 Q2 合向下方，使电动机 Y 接，按控制屏启动按钮，记录电流表最大读数，$I_{Y启动}$=______A。

②待电动机接近正常运转时，将 Q2 合向上方△运行位置，使电动机正常运行。

实验完毕后，将自耦调压器调回零位，按控制屏停止按钮，切断实验线路电源。

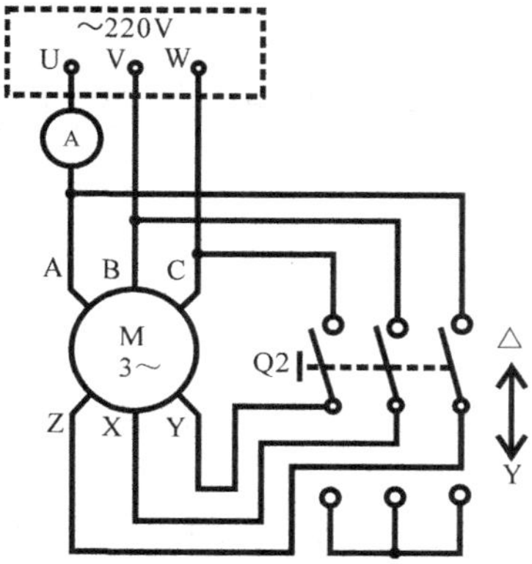

图 12-3　手动控制 Y-△降压启动控制线路

五、实验注意事项

（1）注意安全，严禁带电操作。

（2）只有在断电的情况下，方可用万用电表欧姆挡来检查线路的接线正确与否。

六、思考题

1. 采用 Y-△降压启动对鼠笼式异步电动机有何要求？

2. 如果要用一只断电延时式时间继电器来设计异步电动机的 Y-△降压启动控制线路，试问三个接触器的动作次序应如何改动，控制回路又应如何设计？

3. 控制回路中的一对互锁触头有何作用？若取消这对触头对 Y-△降压换接启动有何影响，可能会出现什么后果？

4. 降压启动的自动控制线路与手动控制线路相比较，有哪些优点？

实验十三　三相异步电动机顺序控制

一、实验目的

（1）通过对不同顺序控制线路的连接，加深对一些要求特殊机床控制线路的了解。

（2）增强学生的动手能力和理解能力，把理论知识和实际经验进行有效的结合。

二、实验设备

实验设备如表 13-1 所示。

表 13-1　实验设备

序号	名 称	型号	数量	备注
1	三相鼠笼异步电动机（△/220V）	DJ24	2	
2	继电接触控制挂箱（一）	D61-2	2	
3	继电接触控制挂箱（二）	D62-2	2	
4	灯组负载	DGJ-4	1	
5	白炽灯	220V，100W	3	自备

三、实验方法

1. 三相异步电动机启动顺序控制（一）

按图 13-1 接线。本实验需用 M1、M2 两只电机，如果只有一只电机，则可用灯组负载来模拟 M2。图中 U、V、W 为实验台上三相调压器的输出插孔。

（1）将调压器手柄逆时针旋转到底，启动实验台电源，调节调压器使输出线电压为 220V。

（2）按下 SB1，观察电机运行情况及接触器吸合情况。

（3）保持 M1 运转时按下 SB2，观察电机运转及接触器吸合情况。

（4）在 M1 和 M2 都运转时，能不能单独停止 M2?

（5）按下 SB3 使电机停转后，按 SB2，电机 M2 是否启动？为什么？

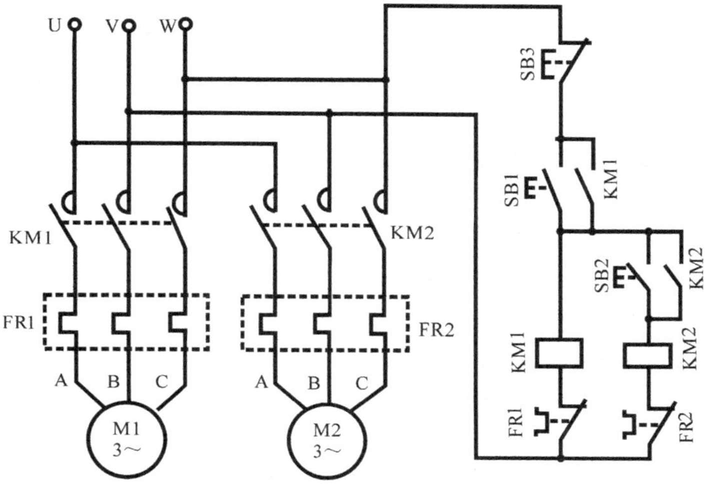

图 13-1　启动顺序控制（一）

2. 三相异步电动机启动顺序控制（二）

按图 13-2 接线。图中 U、V、W 为实验台上三相调压器的输出插孔。

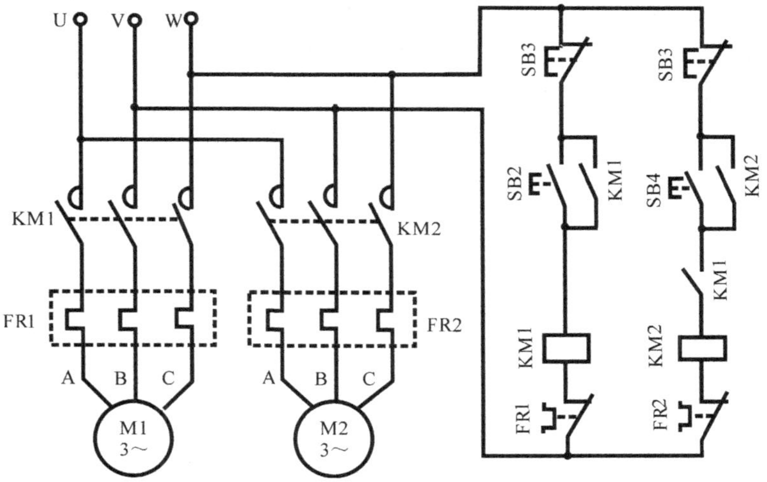

图 13-2　启动顺序控制（二）

（1）将调压器手柄逆时针旋转到底，启动实验台电源，调节调压器使输出线电压为 220V。

（2）按下 SB2，观察并记录电机及各接触器运行状态。

（3）再按下 SB4，观察并记录电机及各接触器运行状态。

（4）单独按下 SB3，观察并记录电机及各接触器运行状态。

（5）在 M1 与 M2 都运行时，按下 SB1，观察电机及各接触器运行状态。

3. 三相异步电动机停止顺序控制

实验线路同实验方法 2，如图 13-2 所示。

（1）接通 220V 三相交流电源。

（2）按下 SB2，观察并记录电机及接触器运行状态。

（3）同时按下 SB4，观察并记录电机及接触器运行状态。

（4）在 M1 与 M2 都运行时，单独按下 SB1，观察并记录电机及接触器运行状态。

（5）在 M1 与 M2 都运行时，单独按下 SB3，观察并记录电机及接触器运行状态。

（6）按下 SB3 使 M2 停止后再按 SB1，观察并记录电机及接触器运行状态。

四、思考题

1. 画出图 13-1、13-2 两种线路的运行原理流程图。
2. 比较图 13-1、13-2 两种线路的不同点和各自的特点。
3. 列举几个顺序控制的机床控制实例，并说明其用途。

第二篇

电子技术

实验十四　常用电子仪器的使用

一、实验目的

（1）学习电子电路实验中常用的电子仪器——示波器、函数信号发生器、直流稳压电源、交流毫伏表、频率计等的主要技术指标、性能及正确使用方法。

（2）初步掌握用双踪示波器观察正弦信号波形和读取波形参数的方法。

二、实验原理

在模拟电子电路实验中，经常使用的电子仪器有示波器、函数信号发生器、直流稳压电源、交流毫伏表及频率计等。他们和万用电表一起，可以完成对模拟电子电路的静态和动态工作情况的测试。

实验中要对各种电子仪器进行综合使用，可按照信号流向，以连线简捷、调节顺手、观察与读数方便等原则进行合理布局，各仪器与被测实验装置之间的布局与连接如图 14-1 所示。接线时应注意，为防止外界干扰，各仪器的公共接地端应连接在一起，称共地。信号源和交流毫伏表的引线通常用屏蔽线或专用电缆线，示波器接线使用专用电缆线，直流电源的接线用普通导线。

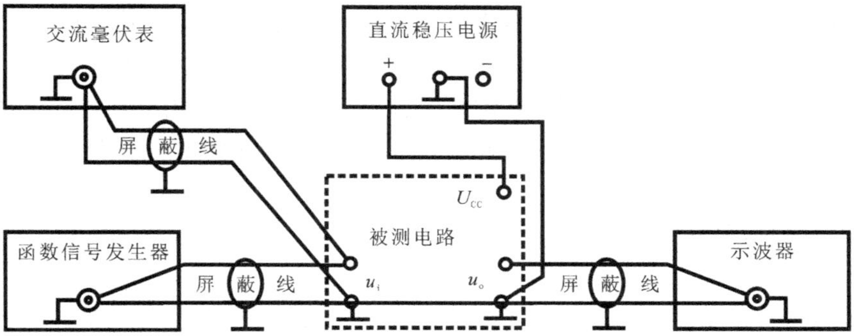

图 14-1　模拟电子电路中常用电子仪器布局图

1. 示波器

示波器是一种用途很广的电子测量仪器，他既能直接显示电信号的波形，又能对电信号进行各种参数的测量。现着重指出下列几点功能：

（1）寻找扫描光迹。将示波器 Y 轴显示方式置“Y_1”或“Y_2”，输入耦合方式置“GND”，开机预热后，若显示屏上未出现光点和扫描基线，可按下列操作找到扫描线：①适当调节亮度旋钮。②触发方式开关置“自动”。③适当调节垂直、水平“位移”旋钮，使扫描光迹位于屏幕中央。（若示波器设有“寻迹”按键，可按下“寻迹”按键，判断光迹偏移基线的方向。）

（2）双踪示波器一般有五种显示方式，即“Y_1”、“Y_2”、“Y_1+Y_2”三种单踪显示方式和“交替”、“断续”二种双踪显示方式。“交替”显示一般适合在输入信号频率较高时使用。“断续”显示一般适合在输入信号频率较低时使用。

（3）为了显示稳定的被测信号波形，“触发源选择”开关一般选为“内”触发，使扫描触发信号取自示波器内部的 Y 通道。

（4）触发方式开关通常先置于“自动”，调出波形后，若被显示的波形不稳定，可置触发方式开关于“常态”，通过调节“触发电平”旋钮找到合适的触发电压，使被测试的波形稳定地显示在示波器屏幕上。

有时，由于选择了较慢的扫描速率，显示屏上会出现闪烁的光迹，但被测信号的波形不在 X 轴方向左右移动，这样的现象仍属于稳定显示。

（5）适当调节“扫描速率”开关及“Y 轴灵敏度”开关使屏幕上显示一两个周期的被测信号波形。在测量幅值时，应注意将“Y 轴灵敏度微调”旋钮置于“校准”位置，即顺时针旋到底，且听到关的声音。在测量周期时，应注意将“X 轴扫速微调”旋钮置于“校准”位置，即顺时针旋到底，且听到关的声音。还要注意“扩展”旋钮的位置。

根据被测波形在屏幕坐标刻度上垂直方向所占的格数（div 或 cm）与“Y 轴灵敏度”开关指示值（V/div）的乘积，即可算得信号幅值的实测值。

根据被测信号波形一个周期在屏幕坐标刻度水平方向所占的格数（div 或 cm）与“扫速”开关指示值（t/div）的乘积，即可算得信号频率的实测值。

2. 函数信号发生器

函数信号发生器按需要输出正弦波、方波、三角波三种信号波形。输出电压最大可达 20V。通过输出衰减开关和输出幅度调节旋钮，可使输出电压在毫伏级到伏级范围内连续调节。函数信号发生器的输出信号频率可以通过频率分挡开关进行调节。

注意：函数信号发生器作为信号源，他的输出端不允许短路。

3. 交流毫伏表

交流毫伏表只能在其工作频率范围之内测量正弦交流电压的有效值。为了防止过载而损坏，测量前一般先把量程开关置于量程较大位置上，然后在测量中逐挡减小量程。

三、实验设备

实验设备如表 14-1 所示。

表 14-1　实验设备

序号	名称	型号与规格	数量	备注
1	函数信号发生器		1	实验台
2	双踪示波器		1	自备
3	交流毫伏表		1	自备
4	电容	0.01μF	1	
5	电阻	10kΩ	1	

四、实验内容

1. 用机内校正信号对示波器进行自检

1）扫描基线调节

将示波器的显示方式开关置于“单踪”显示（Y_1 或 Y_2），输入耦合方式开关置“GND”，触发方式开关置于“自动”。开启电源开关后，调节“辉度”、“聚焦”、“辅助聚焦”等旋钮，使荧光屏上显示一条细而且亮度适中的扫描基线。然后调节“X 轴位移”和“Y 轴位移”旋钮，使扫描线位于屏幕中央，并且能上下左右自如移动。

2）测试“校正信号”波形的幅度、频率

将示波器的“校正信号”通过专用电缆线引入选定的 Y 通道（Y_1 或 Y_2），将 Y 轴输入耦合方式开关置于“AC”或“DC”，触发源选择开关置“内”，内触发源选择开关置“Y_1”或“Y_2”。调节 X 轴“扫描速率”开关（t/div）和 Y 轴“输入灵敏度”开关（V/div），使示波器显示屏上显示出一个或数个周期稳定的方波波形。

（1）校准“校正信号”幅度。

将“Y 轴灵敏度微调”旋钮置“校准”位置，“Y 轴灵敏度”开关置适当位置，读取校正信号幅度，记入表 14-2 中。

表 14-2 实验数据

名称	标准值	实测值
幅度 U_{P-P} / V		
频率 f / kHz		
上升沿时间/μs		
下降沿时间/μs		

注：不同型号示波器标准值有所不同，请按所使用示波器型号将对应的标准值填入表中。

（2）校准“校正信号”频率。

将“扫速微调”旋钮置“校准”位置，“扫速”开关置适当位置，读取校正信号周期，记入表 14-2 中。

（3）测量“校正信号”的上升时间和下降时间。

调节“Y 轴灵敏度”开关及微调旋钮，并移动波形，使方波波形在垂直方向上正好占据中心轴，且上、下对称，便于阅读。通过扫速开关逐级提高扫描速度，使波形在 X 轴方向扩展（必要时可以利用“扫速扩展”开关将波形再扩展 10 倍），同时调节触发电平旋钮，从显示屏上清楚的读出上升时间和下降时间，记入表 14-2 中。

2. 用示波器和交流毫伏表测量信号参数

调节函数信号发生器有关旋钮，使输出频率分别为 100Hz、1kHz、10kHz、100kHz，有效值均为 1V（交流毫伏表测量值）的正弦波信号。

改变示波器“扫速”开关及“Y 轴灵敏度”开关等位置，测量信号源输出电压频率及峰峰值，记入表 14-3 中。

表 14-3 实验数据

频率	示波器测量值		毫伏表读数/V	示波器测量值	
	周期/ms	频率/Hz		峰峰值/V	有效值/V
100Hz					
1kHz					
10kHz					
100kHz					

3. 测量两波形间相位差

1）观察双踪显示波形"交替"与"断续"两种显示方式的特点

Y_1、Y_2 均不加输入信号，输入耦合方式置"GND"，扫速开关置扫速较低挡位（如 0.5s/div 挡）和扫速较高挡位（如 5μs/div 挡），把显示方式开关分别置"交替"和"断续"位置，观察两条扫描基线的显示特点并记录。

2）用双踪显示测量两波形间相位差

（1）按图 14-2 连接实验电路。将函数信号发生器的输出电压调至频率为 1kHz，幅值为 2V 的正弦波，经 RC 移相网络获得频率相同但相位不同的两路信号 u_i 和 u_R，分别加到双踪示波器的 Y_1 和 Y_2 输入端。

为便于稳定波形，比较两波形相位差，应使内触发信号取自被设定作为测量基准的一路信号。

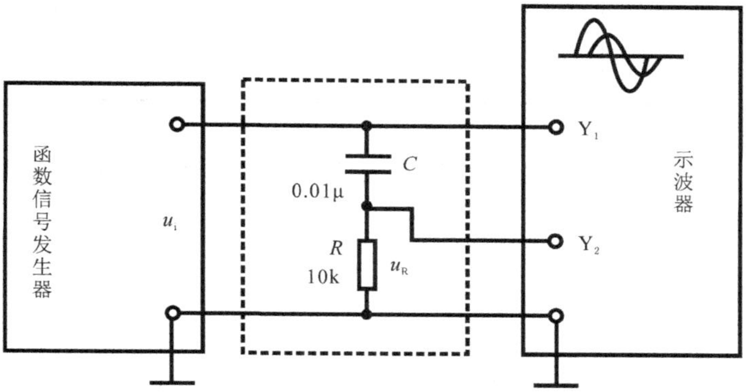

图 14-2 两波形间相位差测量电路

（2）把显示方式开关置"交替"挡位，将 Y_1 和 Y_2 输入耦合方式开关置"⊥"挡位，调节 Y_1、Y_2 的移位旋钮，使两条扫描基线重合。

（3）将 Y_1、Y_2 输入耦合方式开关置"AC"挡位，调节触发电平、扫速开关及 Y_1、Y_2 灵敏度开关位置，使荧屏上显示出易于观察的两个相位不同的正弦波形 u_i 及 u_R，如图 14-3 所示。根据两波形在水平方向差距 X，及信号周期 X_T，则可求得两波形相位差 θ。

$$\theta = \frac{X(\text{div})}{X_T(\text{div})} \times 360°$$

式中： X_T——一周期所占格数；

X——两波形在 X 轴方向差距格数。

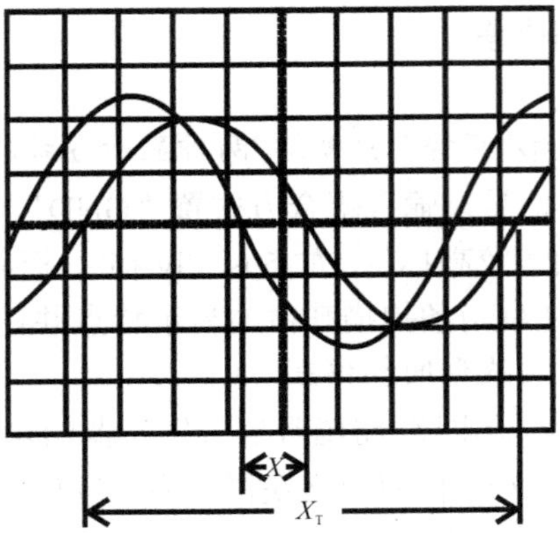

图 14-3　u_i、u_R 波形图

记录两波形相位差于表 14-4 中。

表 14-4　实验数据

一周期格数	两波形 X 轴差距格数	相位差	
		实测值	计算值
X_T =	X =	θ =	θ =

注意：为数读和计算方便，可适当调节扫速开关及微调旋钮，使波形一周期占整数格。

五、思考题

1. 整理实验数据，并进行分析。

2. 问题讨论。

（1）为了在示波器显示屏上观察到稳定、清晰的波形，应如何操纵示波器有关旋钮？

（2）用双踪示波器显示波形，并要求比较相位时，为了在显示屏上得到稳定的波形，应怎样选择下列开关的位置？

①显示方式（Y_1；Y_2；Y_1+Y_2；交替；断续）。

②触发方式（常态；自动）。

③触发源（内；外）。

④内触发源（Y_1；Y_2；交替）。

3. 函数信号发生器有哪几种输出波形？他的输出端能否短接，如果用屏蔽线作为输出引线，屏蔽层一端应该接在哪个接线柱上？

4. 交流毫伏表是用来测量正弦波电压还是非正弦波电压？他的表头指示值是被测信号的什么数值？他是否可以用来测量直流电压的大小？

实验十五　晶体管共射极单管放大器

一、实验目的

（1）学会单管电压放大器静态工作点的调试方法，分析静态工作点对放大器性能的影响。

（2）测定电压放大器的放大倍数，了解负载电阻对电压放大倍数的影响。

（3）了解静态工作点对输出电压波形的影响。

（4）熟悉常用电子仪器及模拟电路实验设备的使用方法。

二、实验原理

电阻分压式工作点稳定单管放大器实验电路图如图 15-1 所示。他的偏置电路采用 R_{B1} 和 R_{B2} 组成的分压电路，并在发射极中接有电阻 R_E，以稳定放大器的静态工作点。当在放大器的输入端加入输入信号 u_i 后，在放大器的输出端便可得到一个与 u_i 相位相反，幅值被放大了的输出信号 u_o，从而实现电压放大。

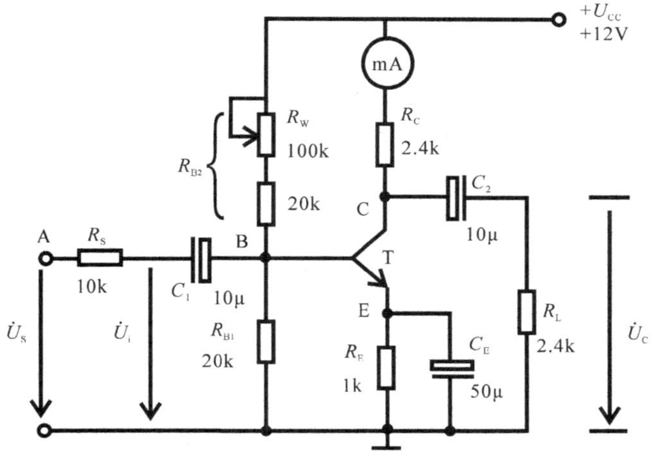

图 15-1　共射极单管放大器实验电路

在图 15-1 电路中，当流过偏置电阻 R_{B1} 和 R_{B2} 的电流远大于晶体管 T 的基极电流 I_B 时（一般为 5～10 倍），他的静态工作点可用下列公式估算：

$$U_B \approx \frac{R_{B1}}{R_{B1}+R_{B2}}U_{CC}$$

$$I_E \approx \frac{U_B - U_{BE}}{R_E} \approx I_C$$

$$U_{CE} = U_{CC} - I_C\left(R_C + R_E\right)$$

电压放大倍数：

$$A_V = -\beta \frac{R_C \,/\!/\, R_L}{r_{be}}$$

输入电阻：

$$R_i = R_{B1} \,/\!/\, R_{B2} \,/\!/\, r_{be}$$

输出电阻：

$$R_o \approx R_C$$

由于电子器件性能的分散性比较大，因此在设计和制作晶体管放大电路时，离不开测量和调试技术。在设计前应测量所用元器件的参数，为电路设计提供必要的依据，在完成设计和装配以后，还必须测量和调试放大器的静态工作点和各项性能指标。

放大器的测量和调试一般包括：放大器静态工作点的测量与调试，消除干扰与自激振荡及放大器各项动态参数的测量与调试等。

1. 放大器静态工作点的测量与调试

1）静态工作点的测量

测量放大器的静态工作点，应在输入信号$u_i = 0$的情况下进行，即将放大器输入端与地端短接，然后选用量程合适的直流毫安表和直流电压表，分别测量晶体管集电极电流I_C以及各电极对地的电位U_B、U_C和U_E。一般实验中，为了避免断开集电极，所以采用测量电压U_E或U_C，然后算出I_C的方法，例如，只要测出U_E，即可用$I_C \approx I_E = U_E / R_E$算出$I_C$（也可根据$I_C = \left(U_{CC} - U_C\right) / R_C$，由$U_C$确定$I_C$），同时也能算出$U_{BE} = U_B - U_E$，$U_{CE} = U_C - U_E$。

为了减小误差，提高测量精度，应选用内阻较高的直流电压表。

2）静态工作点的调试

放大器静态工作点的调试是指对管集电极电流I_C（或U_{CE}）的调整与测试。静态工作点是否合适，对放大器的性能和输出波形都有较大影响。如工作点偏高，放大器在加入交流信号以后易产生饱和失真，此时u_o的负半周将被削底，如图15-2（a）所示；如工作点偏低则易产生截止失真，即u_o的正半周被缩顶（一般截止失真不如饱和失真明显)，如图 15-2（b）所示。所以在选定工作点以后还必须进行动态调试，即在放大器的输入端加入一定的输入电压u_i，检查输出电压u_o的大小和波形是否满足要求。如不满足，则应调节静态工作点的位置。

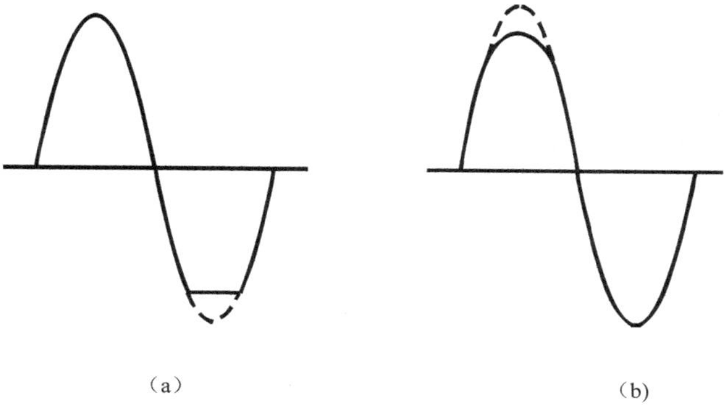

图 15-2　静态工作点对u_o波形失真的影响

改变电路参数U_{CC}、R_C、R_B（R_{B1}、R_{B2}）都会引起静态工作点的变化，如图 15-3 所示。但通常多采用调节偏置电阻R_{B2}的方法来改变静态工作点，如减小R_{B2}则可使静态工作点提高。

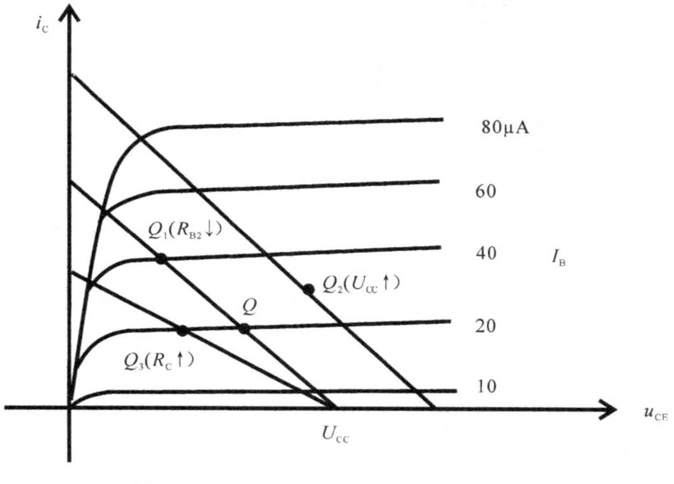

图 15-3　电路参数对静态工作点的影响

注意：上面所说的工作点“偏高”或“偏低”不是绝对的，应该是相对信号的幅度而言，如输入信号幅度很小，即使工作点较高或较低也不一定会出现失真。所以确切地说，产生波形失真是信号幅度与静态工作点设置配合不当所致。如需满足较大信号幅度的要求，静态工作点最好尽量靠近交流负载线的中点。

2. 放大器动态指标测试

放大器动态指标包括电压放大倍数、输入电阻、输出电阻、最大不失真输出电压（动态范围）和通频带等。

1）电压放大倍数 A_V 的测量

调整放大器到合适的静态工作点，然后加入输入电压 u_i，在输出电压 u_o 不失真的情况下，用交流毫伏表测出 u_i 和 u_o 的有效值 U_i 和 U_o，则

$$A_V = \frac{U_o}{U_i}$$

2）输入电阻 R_i 的测量

为了测量放大器的输入电阻，按图 15-4 电路在被测放大器的输入端与信号源之间串入一已知电阻 R，在放大器正常工作的情况下，用交流毫伏表测出 U_S 和 U_i，则根据输入电阻的定义可得

$$R_i = \frac{U_i}{I_i} = \frac{U_i}{\frac{U_R}{R}} = \frac{U_i}{U_S - U_i}R$$

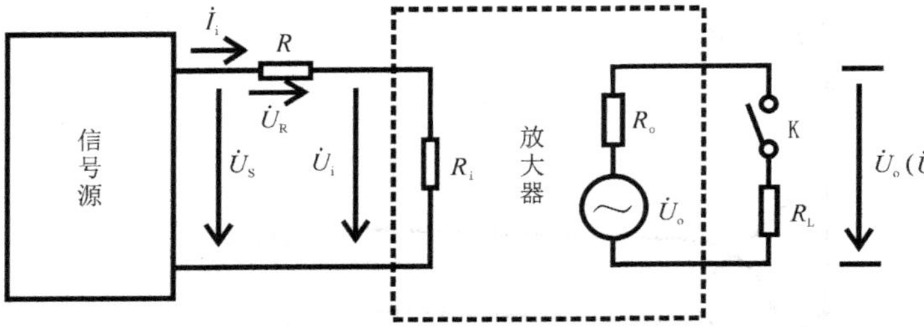

图 15-4　输入、输出电阻测量电路

测量时应注意下列几点：

（1）由于电阻 R 两端没有电路公共接地点，所以测量 R 两端电压 U_R 时必须分别测出 U_S 和 U_i，然后按 $U_R = U_S - U_i$ 求出 U_R 值。

（2）电阻 R 的值不宜取得过大或过小，以免产生较大的测量误差，通常取 R 与 R_i 为同一数量级，本实验可取 R 为 1 kΩ～2kΩ。

3）输出电阻 R_o 的测量

按图 15-4 电路所示，在放大器正常工作条件下，测出输出端不接负载 R_L 的输出电压 U_o 和接入负载后的输出电压 U_L，根据

$$U_L = \frac{R_L}{R_o + R_L}U_o$$

即可求出

$$R_o = \left(\frac{U_o}{U_L} - 1\right) R_L$$

在测试中应注意，必须保持 R_L 接入前后输入信号的大小不变。

4）最大不失真输出电压 U_{OPP} 的测量（最大动态范围）

如上所述，为了得到最大动态范围，应将静态工作点调在交流负载线的中点。为此在放大器正常工作情况下，逐步增大输入信号的幅度，并同时调节 R_W（改变静态工作点），用示波器观察 u_o，当输出波形同时出现削底和缩顶现象时，如图 15-5 所示，说明静态工作点已调在交流负载线的中点。然后反复调整输入信号，使波形输出幅度最大，且无明显失真时，用交流毫伏表测出 U_o（有效值），则动态范围等于 $2\sqrt{2}U_o$。或用示波器直接读出 U_{OPP} 的数据。

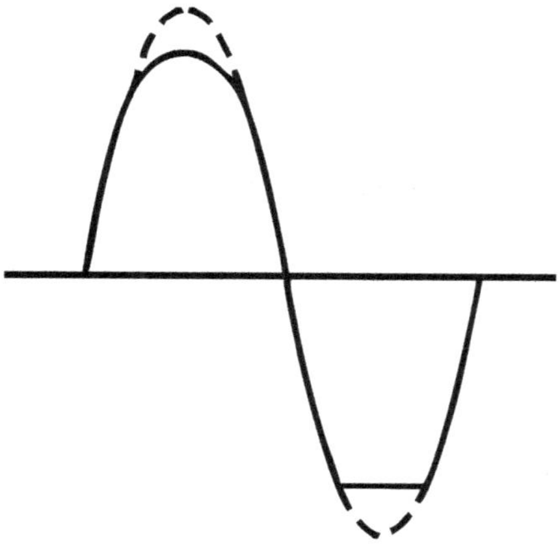

图 15-5　静态工作点正常，输入信号太大引起的失真

5）放大器幅频特性的测量

放大器的幅频特性是指放大器的电压放大倍数 A_u 与输入信号频率 f 之间的关系曲线。单管阻容耦合放大电路的幅频特性曲线如图 15-6 所示，A_{um} 为中频电压放大倍数，通常规定电压放大倍数随频率变化下降到中频放大倍数的 $1/\sqrt{2}$ 倍，即 $0.707A_{um}$ 所对应的频率分别称为下限频率 f_L 和上限频率 f_H，则通频带 $f_{BW} = f_H - f_L$。

放大器的幅频特性就是测量不同频率信号时的电压放大倍数 A_u。为此，可采用前述测 A_u 的方法，每改变一个信号频率，测量其相应的电压放大倍数，测量时应注意取点恰当，在低频段与高频段应多测几点，在中频段可以少测几点。此外，在改变频率时，要保持输入信号的幅度不变，且输出波形不得失真。

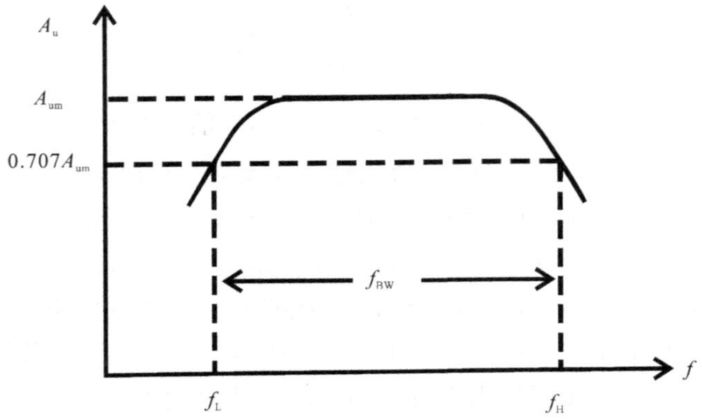

图 15-6 幅频特性曲线

三、实验设备

实验设备如表 15-1 所示。

表 15-1 实验设备

序号	名称	型号	数量	备注
1	+12V 直流电源		1	实验台
2	函数信号发生器		1	实验台
3	双踪示波器		1	实验台
4	交流毫伏表		1	实验台
5	直流电压表		1	实验台
6	直流毫安表		1	实验台
7	频率计		1	实验台
8	晶体三极管	3DG6 （β=80）	1	
9	电阻	2.4kΩ	2	自备
10	实验板		1	

四、实验内容

实验电路如图 15-1 所示。各电子仪器可按图 14-1 所示方式连接，为防止干扰，各仪器的公共端必须连在一起，同时信号源、交流毫伏表和示波器的引线应采用专用电缆线或屏蔽线，如使用屏蔽线，则屏蔽线的外包金属网应接在公共接地端上。

1. 调试静态工作点

接通直流电源前，先将 R_W 调至最大，函数信号发生器输出旋钮旋至零。接通 +12V 电源、调节 R_W，使 $I_C = 2.0\text{mA}$（即 $U_E = 2.0\text{V}$），用直流电压表测量 U_B、U_E、U_C 及用万用电表测量 R_{B2} 值。记入表 15-2 中。

表 15-2　$I_C = 2.0\text{mA}$ 的静态工作点参数

测量值				计算值		
U_B / V	U_E / V	U_C / V	R_{B2} / kΩ	U_{BE} / V	U_{CE} / V	I_C / mA

2. 测量电压放大倍数

在放大器输入端加入频率为 1kHz 的正弦信号 u_S，调节函数信号发生器的输出旋钮使放大器输入电压 $U_i \approx 10\text{mV}$，同时用示波器观察放大器输出电压 u_o 波形，在波形不失真的条件下用交流毫伏表测量下述三种情况下的 U_o 值，并用双踪示波器观察 u_o 和 u_i 的相位关系，记入表 15-3 中。

表 15-3　$I_C = 2.0\text{mA}$，$U_i \approx 10\text{mV}$ 的输出电压及波形

R_C / kΩ	R_L / kΩ	U_o / V	A_V	观察记录一组 u_o 和 u_i 波形
2.4	∞			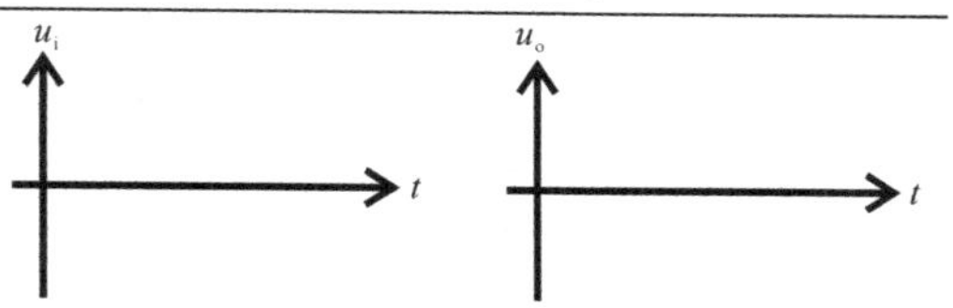
1.2	∞			
2.4	2.4			

3. 观察静态工作点对电压放大倍数的影响

置 $R_C = 2.4\text{k}\Omega$，$R_L = \infty$，U_i 适量，调节 R_W，用示波器监视输出电压波形，在 u_o 不失真的条件下，测量数组 I_C 和 U_o 值，记入表 15-4 中。

表 15-4　$R_C = 2.4\text{k}\Omega$，$R_L = \infty$ 的参数值及电压放大倍数

U_i / mV					
I_C / mA			2.0		
U_o / V					
A_V					

测量 I_C 时，要先将信号源输出旋钮旋至零（即 $U_i = 0$）。

4. 观察静态工作点对输出波形失真的影响

置 $R_C = 2.4\text{k}\Omega$， $R_L = 2.4\text{k}\Omega$， $U_i = 0$， 调节 R_W 使 $I_C = 2.0\text{mA}$， 测出 U_{CE} 值，再逐步加大输入信号，使输出电压 u_o 足够大但不失真。然后保持输入信号不变，分别增大和减小 R_W，使波形出现失真，绘出 u_o 的波形，并测出失真情况下的 I_C 和 U_{CE} 值，记入表 15-5 中。每次测 I_C 和 U_{CE} 值时都要将信号源的输出旋钮旋至零。

表 15-5　$R_C = 2.4\text{k}\Omega$， $R_L = \infty$ 的参数值及波形

U_i / mV	I_C / mA	U_{CE} / V	u_o 波形	失真情况	晶体管工作状态
			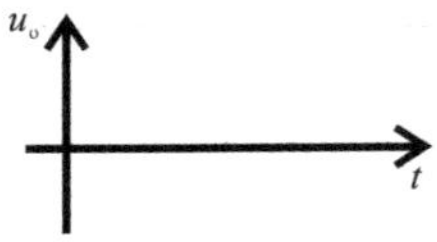		
	2.0				

5. 测量最大不失真输出电压（选作内容）

置 $R_C = 2.4\text{k}\Omega$， $R_L = 2.4\text{k}\Omega$，按照实验原理中所述方法，同时调节输入信号的幅度和电位器 R_W，用示波器和交流毫伏表测量 U_{OPP} 及 U_o 值，记入表 15-6 中。

表 15-6　$R_C = 2.4\text{k}\Omega$， $R_L = 2.4\text{k}\Omega$ 的最大不失真输出电压

I_C / mA	U_{im} / mV	U_{om} / V	U_{OPP} / V

6. 测量输入电阻和输出电阻（选作内容）

置 $R_C = 2.4\text{k}\Omega$， $R_L = 2.4\text{k}\Omega$， $I_C = 2.0\text{mA}$。输入 f=1kHz 的正弦信号，在输出电压 u_o 不失真的情况下，用交流毫伏表测出 U_S、 U_i 和 U_L 记入表 15-7 中。

保持U_S不变，断开R_L，测量输出电压U_o，记入表 15-7 中。

表 15-7　$I_C = 2.0mA$，$R_C = 2.4k\Omega$，$R_L = 2.4k\Omega$ 的参数值

U_S / mV	U_i / mV	R_i / kΩ		U_L / V	U_o / V	R_o / kΩ	
		测量值	计算值			测量值	计算值

7. 测量幅频特性曲线（选作内容）

取I_C=2.0mA，$R_C = 2.4k\Omega$，$R_L = 2.4k\Omega$。保持输入信号u_i的幅度不变，改变信号源频率f，逐点测出相应的输出电压U_o，记入表 15-8 中。

表 15-8　实验数据

U_i / mV			
f / kHz	$f_0 =$	$f_1 =$	$f_n =$
U_o / V			
$A_V = U_o / U_i$			

为使信号源频率f取值合适，可先粗测一下，找出中频范围，然后再仔细读数。

说明：本实验内容较多，其中 5、6、7 可作为选作内容。

五、思考题

1. 列表整理测量结果，并把实测的静态工作点、电压放大倍数、输入电阻、输出电阻的值与理论计算值进行比较，分析产生误差的原因。

2. 总结R_C、R_L及静态工作点对放大器电压放大倍数、输入电阻、输出电阻的影响。

3. 讨论静态工作点变化对放大器输出波形的影响。

实验十六 负反馈放大器

一、实验目的

加深理解在放大电路中引入负反馈的方法和负反馈对放大器各项性能指标的影响。

二、实验原理

负反馈在电子电路中有着非常广泛的应用,虽然他使放大器的放大倍数降低，但能在多方面改善放大器的动态指标，如稳定放大倍数，改变输入、输出电阻，减小非线性失真和展宽通频带等。因此，几乎所有的实用放大器都带有负反馈。

负反馈放大器有四种组态，即电压串联，电压并联，电流串联，电流并联。本实验以电压串联负反馈为例，分析负反馈对放大器各项性能指标的影响。

（1）图 16-1 为带有负反馈的两级阻容耦合放大电路，在电路中通过 R_f 把输出电压 u_o 引回到输入端，加在晶体管 T_1 的发射极上，在发射极电阻 R_{F1} 上形成反馈电压 u_f。根据反馈的判断法可知，他属于电压串联负反馈。

主要性能指标如下：

①闭环电压放大倍数。

$$A_{Vf} = \frac{A_V}{1 + A_V F_V}$$

式中，

$$A_V = U_o / U_i$$

为基本放大器（无反馈）的电压放大倍数，即开环电压放大倍数；$(1 + A_V F_V)$ 为反馈深度，他的大小决定了负反馈对放大器性能改善的程度。

②反馈系数。

$$F_V = \frac{R_{F1}}{R_f + R_{F1}}$$

③输入电阻。

$$R_{if} = (1 + A_V F_V) R_i$$

式中，R_i——基本放大器的输入电阻。

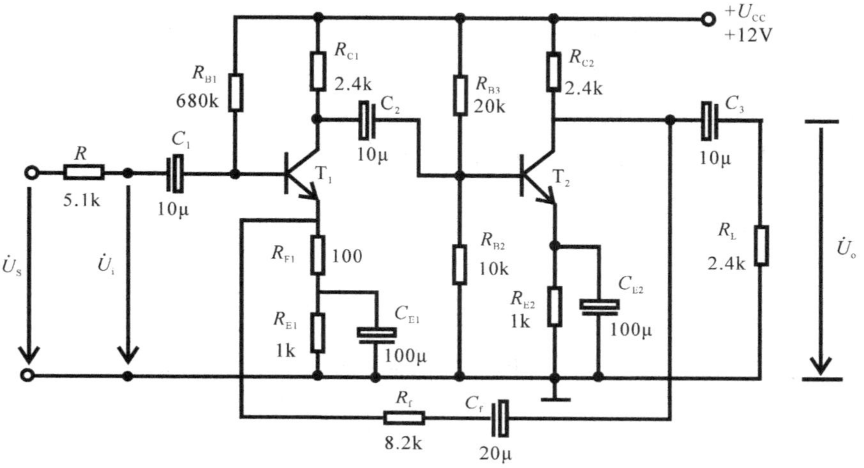

图 16-1 带有电压串联负反馈的两级阻容耦合放大器

④输出电阻。

$$R_{of} = \frac{R_o}{1 + A_{Vo}F_V}$$

式中，R_o——基本放大器的输出电阻；

A_{Vo}——基本放大器 $R_L = \infty$ 时的电压放大倍数。

（2）如图 16-2 所示，本实验还需要测量基本放大器的动态参数，怎样实现无反馈而得到基本放大器呢？不能简单地断开反馈支路，而是要去掉反馈作用，但又要把反馈网络的影响（负载效应）考虑到基本放大器中去。为此：

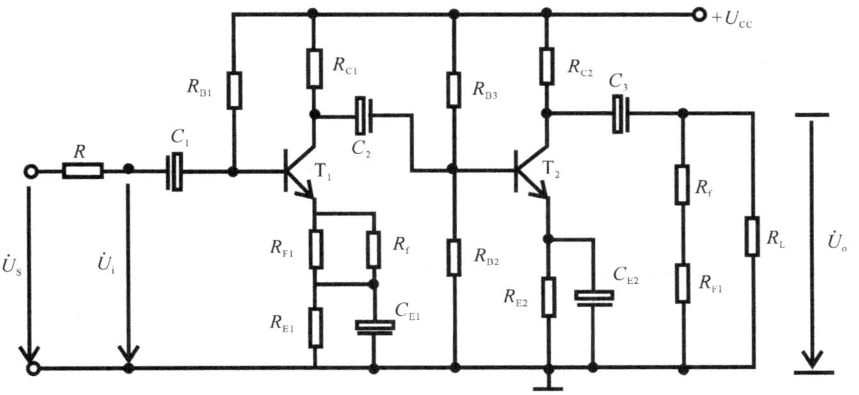

图 16-2 基本放大器

①在画基本放大器的输入回路时，因为是电压负反馈，所以可将负反馈放大器的输出端交流短路，即令 $u_o = 0$ ，此时 R_f 相当于并联在 R_{F1} 上。

②在画基本放大器的输出回路时，由于输入端是串联负反馈，因此需将反馈放大器的输入端（T_1 管的射极）开路，此时（ $R_f + R_{F1}$ ）相当于并接在输出端。可近似认为 R_f 并接在输出端。

根据上述规律，就可得到所要求的基本放大器。

三、实验设备

实验设备如表 16-1 所示。

表 16-1　实验设备

序号	名称	型号	数量	备注
1	+12V 直流电源		1	自备
2	函数信号发生器		1	自备
3	双踪示波器		1	自备
4	交流毫伏表		1	自备
5	直流电压表		1	自备
6	频率计		1	自备
7	晶体三极管	3DG6 （ β =80）	2	自备
8	实验板		1	自备

四、实验内容

1. 测量静态工作点

按图 16-1 连接实验电路，取 $U_{CC} = +12V$ ， $U_i = 0$ ，用直流电压表分别测量第一级、第二级的静态工作点，记入表 16-2 中。

表 16-2　实验数据

	U_B / V	U_E / V	U_C / V	I_C / mA
第一级				
第二级				

2. 测试基本放大器的各项性能指标

将实验电路按图 16-2 改接，即把 R_f 断开后分别并在 R_{F1} 和 R_L 上，其他连线不动。

1）测量中频电压放大倍数 A_V，输入电阻 R_i 和输出电阻 R_o

（1）以 $f=1kHz$，$U_S \approx 5mV$ 正弦信号输入放大器，用示波器监视输出波形 u_o，在 u_o 不失真的情况下，用交流毫伏表测量 U_S、U_i、U_L，记入表 16-3 中。

表 16-3　实验数据

基本放大器	U_S / mv	U_i / mv	U_L / V	U_o / V	A_V	R_i / kΩ	R_o / kΩ
负反馈放大器	U_S / mv	U_i / mv	U_L / V	U_o / V	A_{Vf}	R_{if} / kΩ	R_{of} / kΩ

（2）保持 U_S 不变，断开负载电阻 R_L（注意，R_f 不要断开），测量空载时的输出电压 U_o，记入表 16-3 中。

2）测量通频带

接上 R_L，保持 1）中的 U_S 不变，然后增加和减小输入信号的频率，找出上、下限频率 f_H 和 f_L，记入表 16-4 中。

3. 测试负反馈放大器的各项性能指标

将实验电路恢复为图 16-1 的负反馈放大电路。适当加大 U_S（加大约 10mV），在输出波形不失真的条件下，测量负反馈放大器的 A_{Vf}、R_{if} 和 R_{of}，记入表 16-3 中；测量 f_{Hf} 和 f_{Lf}，记入表 16-4 中。

表 16-4　实验数据

基本放大器	f_L / kHz	f_H / kHz	Δf / kHz
负反馈放大器	f_{Lf} / kHz	f_{Hf} / kHz	Δf_f / kHz

4. 观察负反馈对非线性失真的改善（选作内容）

（1）实验电路改接成基本放大器形式，在输入端加入 $f=1kHz$ 的正弦信号，输出端接示波器，逐渐增大输入信号的幅度，使输出波形开始出现失真，记下此时的波形和输出电压的幅度。

（2）再将实验电路改接成负反馈放大器形式，增大输入信号幅度，使输出电压幅度的大小与（1）相同，比较有负反馈时，输出波形的变化。

五、思考题

1. 将基本放大器和负反馈放大器动态参数的实测值和理论估算值列表进行比较。

2. 根据实验结果，总结电压串联负反馈对放大器性能的影响。

实验十七　射极跟随器

一、实验目的

（1）了解射极跟随器的特性并掌握其测试方法。
（2）进一步学习放大器各项参数的测试方法。

二、实验原理

射极跟随器的原理图如图 17-1 所示。他是一个电压串联负反馈放大电路，他具有输入电阻高，输出电阻低，电压放大倍数接近于 1，输出电压能够在较大范围内跟随输入电压作线性变化以及输入、输出信号同相等特点。

射极跟随器的输出取自发射极，故称其为射极输出器。

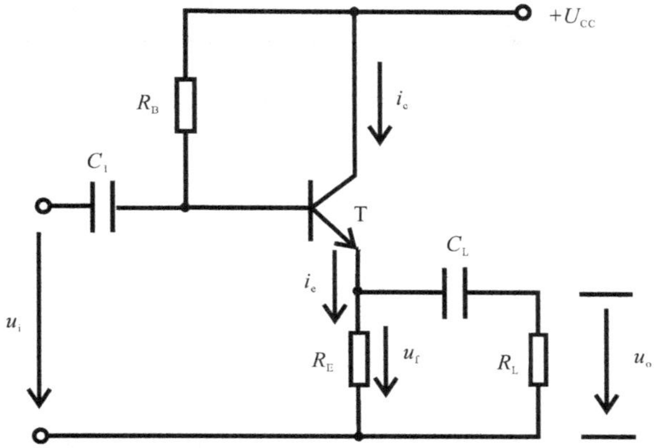

图 17-1　射极跟随器

1. 输入电阻 R_i

在图 17-1 电路中：

$$R_i = r_{be} + (1+\beta)R_E$$

如考虑偏置电阻 R_B 和负载 R_L 的影响，则

$$R_i = R_B \,/\!/ \left[r_{be} + (1+\beta)(R_E \,/\!/ R_L) \right]$$

由上式可知射极跟随器的输入电阻 R_i 比共射极单管放大器的输入电阻 R_i（$R_i = R_B /\!/ r_{be}$）要高得多，但由于偏置电阻 R_B 的分流作用，输入电阻难以进一步提高。

输入电阻的测试方法同单管放大器，实验线路如图 17-2 所示。

$$R_i = \frac{U_i}{I_i} = \frac{U_i}{U_S - U_i} R$$

即只要测得 A、B 两点的对地电位即可计算出 R_i。

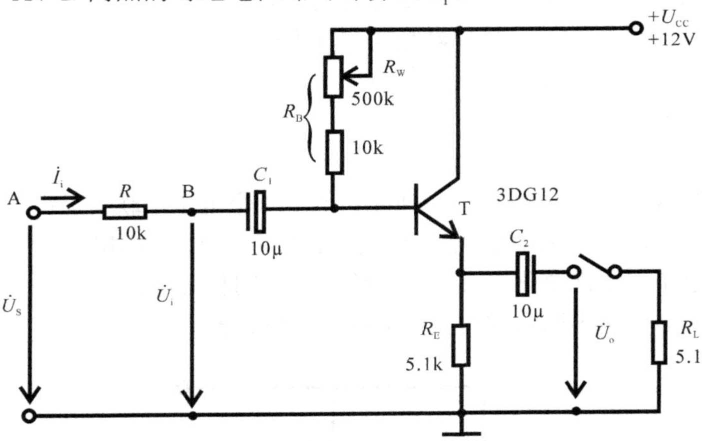

图 17-2　射极跟随器实验电路

2. 输出电阻 R_o

在图 17-1 电路中：

$$R_o = \frac{r_{be}}{\beta} /\!/ R_E \approx \frac{r_{be}}{\beta}$$

如考虑信号源内阻 R_S，则

$$R_o = \frac{r_{be} /\!/ (R_S + R_B)}{\beta} /\!/ R_E \approx \frac{r_{be} + (R_S + R_B)}{\beta}$$

由上式可知射极跟随器的输出电阻 R_o 比共射极单管放大器的输出电阻 R_o($R_o \approx R_C$)低得多。三极管的 β 越高，输出电阻越小。

输出电阻 R_o 的测试方法亦同单管放大器，即先测出空载输出电压 U_o，再测接入负载 R_L 后的输出电压 U_L，根据公式

$$U_L = \frac{R_L}{R_o + R_L} U_o$$

即可求出 R_o

$$R_o=\left(\frac{U_o}{U_L}-1\right)R_L$$

3. 电压放大倍数

在图 17-1 电路中：

$$A_V=\frac{(1+\beta)(R_E\ /\!/\ R_L)}{r_{be}+(1+\beta)(R_E\ /\!/\ R_L)}\leqslant 1$$

上式说明射极跟随器的电压放大倍数小于近于1，且为正值。这是深度电压负反馈的结果。但他的射极电流仍比基流大（$1+\beta$）倍，所以他具有一定的电流和功率放大作用。

4. 电压跟随范围

电压跟随范围是指射极跟随器输出电压 u_o 跟随输入电压 u_i 作线性变化的区域。当 u_i 超过一定范围时，u_o 便不能跟随 u_i 作线性变化，即 u_o 波形产生了失真。为了使输出电压 u_o 正、负半周对称，并充分利用电压跟随范围，静态工作点应选在交流负载线中点，测量时可直接用示波器读取 u_o 的峰峰值，即电压跟随范围；或用交流毫伏表读取 u_o 的有效值，则电压跟随范围：

$$U_{oP-P}=2\sqrt{2}U_o$$

三、实验设备

实验设备如表 17-1 所示。

表 17-1　实验设备

序号	名称	型号与规格	数量	备注
1	+12V 直流电源		1	自备
2	函数信号发生器		1	自备
3	双踪示波器		1	自备
4	交流毫伏表		1	自备
5	直流电压表		1	自备
6	频率计		1	自备
7	晶体三极管	3DG6（β=80）	1	自备

续表

序号	名称	型号与规格	数量	备注
8	实验板		1	自备
9	电阻	5.1kΩ	1	自备
10	电阻	1kΩ	1	自备

四、实验内容

按图 17-2 所示连接电路。

1. 静态工作点的调整

接通+12V 直流电源，在 B 点加入 $f = 1\text{kHz}$ 正弦信号 u_i，输出端用示波器监视输出波形，反复调整 R_W 及信号源的输出幅度，在示波器的屏幕上得到一个最大不失真输出波形，然后置 $u_i = 0$，用直流电压表测量晶体管各电极对地电位，将测得数据记入表 17-2 中。

表 17-2 实验数据

U_E / V	U_B / V	U_C / V	I_E / mA

在下面整个测试过程中应保持 R_W 值不变（即保持静工作点 I_E 不变）。

2. 测量电压放大倍数 A_V

接入负载 R_L=1kΩ，在 B 点加 f=1kHz 正弦信号 u_i，调节输入信号幅度，用示波器观察输出波形 u_o，在输出最大不失真情况下，用交流毫伏表测 U_i、U_L 值。记入表 17-3 中。

表 17-3 实验数据

U_i / V	U_L / V	A_V

3. 测量输出电阻 R_o

接上负载 R_L=1kΩ，在 B 点加 f=1kHz 正弦信号 u_i，用示波器监视输出波形，测空载输出电压 U_o，有负载时输出电压 U_L，记入表 17-4 中。

表 17-4　实验数据

U_o / V	U_L / V	R_o / kΩ

4. 测量输入电阻 R_i

在 A 点加 f=1kHz 的正弦信号 u_S，用示波器监视输出波形，用交流毫伏表分别测出 A、B 点对地的电位 U_S、U_i，记入表 17-5 中。

表 17-5　实验数据

U_S / V	U_i / V	R_i / kΩ

5. 测试跟随特性

接入负载 $R_L = 1\text{k}\Omega$，在 B 点加入 $f = 1\text{kHz}$ 正弦信号 u_i，逐渐增大信号 u_i 幅度，用示波器监视输出波形直至输出波形达最大不失真，测量对应的 U_L 值，记入表 17-6 中。

表 17-6　实验数据

U_i / V	
U_L / V	

6. 测试频率响应特性

保持输入信号 u_i 幅度不变，改变信号源频率，用示波器监视输出波形，用交流毫伏表测量不同频率下的输出电压 U_L 值，记入表 17-7 中。

表 17-7　实验数据

f / kHz	
U_L / V	

五、思考题

1. 整理实验数据，并画出 $U_L = f(U_i)$ 及 $U_L = f(f)$ 曲线。
2. 分析射极跟随器的性能和特点。

实验十八　差动放大器

一、实验目的

（1）加深对差动放大器性能及特点的了解。

（2）学习差动放大器主要性能指标的测试方法。

二、实验原理

差动放大器的基本结构如图 18-1 所示。他由两个元件参数相同的基本共射放大电路组成。

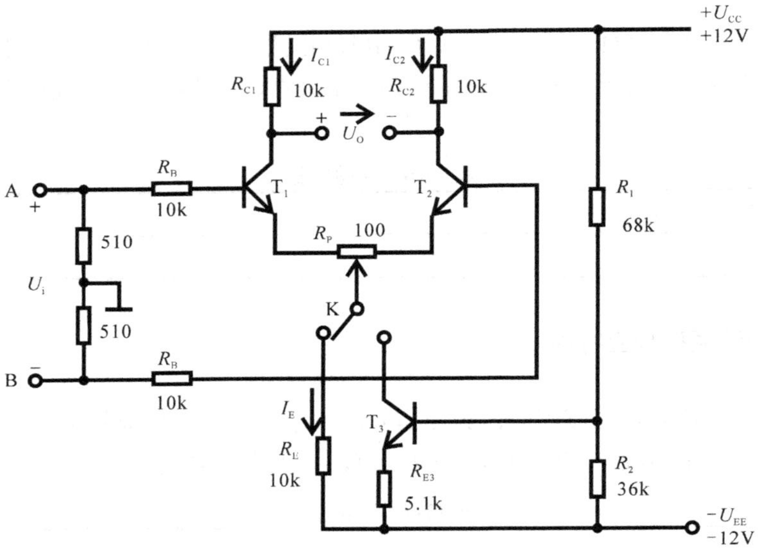

图 18-1　差动放大器实验电路

当开关 K 拨向左边时，构成典型的差动放大器。调零电位器 R_P 用来调节 T_1、T_2 管的静态工作点，使得输入信号 $U_i=0$ 时，双端输出电压 $U_o=0$。R_E 为两管共用的发射极电阻，他对差模信号无负反馈作用，因而不影响差模电压放大倍数，但对共模信号有较强的负反馈作用，故可以有效地抑制零漂，稳定静态工作点。

当开关 K 拨向右边时，构成具有恒流源的差动放大器。他用晶体管恒流源代

替发射极电阻 R_E，可以进一步提高差动放大器抑制共模信号的能力。

1. 静态工作点的估算

典型电路：

$$I_E \approx \frac{|U_{EE}| - U_{BE}}{R_E} \quad （认为 U_{B1} = U_{B2} \approx 0）$$

$$I_{C1} = I_{C2} = \frac{1}{2} I_E$$

恒流源电路：

$$I_{C3} \approx I_{E3} \approx \frac{\frac{R_2}{R_1 + R_2}\left(U_{CC} + |U_{EE}|\right) - U_{BE}}{R_{E3}}$$

$$I_{C1} = I_{C2} = \frac{1}{2} I_{C3}$$

2. 差模电压放大倍数和共模电压放大倍数

当差动放大器的射极电阻 R_E 足够大，或采用恒流源电路时，差模电压放大倍数 A_D 由输出端方式决定，而与输入方式无关。

$R_E = \infty$， R_P 在中心位置时，双端输出：

$$A_D = \frac{\Delta U_o}{\Delta U_i} = -\frac{\beta R_C}{R_B + r_{be} + \frac{1}{2}(1+\beta) R_P}$$

单端输出：

$$A_{D1} = \frac{\Delta U_{C1}}{\Delta U_i} = \frac{1}{2} A_D$$

$$A_{D2} = \frac{\Delta U_{C2}}{\Delta U_i} = -\frac{1}{2} A_D$$

当输入共模信号时，若为单端输出，则有

$$A_{C1} = A_{C2} = \frac{\Delta U_{C1}}{\Delta U_i} = \frac{-\beta R_C}{R_B + r_{be} + (1+\beta)\left(\frac{1}{2} R_P + 2R_E\right)} \approx -\frac{R_C}{2R_E}$$

若为双端输出，在理想情况下：

$$A_C = \frac{\Delta U_o}{\Delta U_i} = 0$$

实际上由于元件不可能完全对称，因此 A_C 也不会绝对等于零。

3. 共模抑制比 CMRR

为了表征差动放大器对有用信号（差模信号）的放大作用和对共模信号的抑制能力，通常用一个综合指标来衡量，即共模抑制比：

$$\mathrm{CMRR} \approx \left|\frac{A_D}{A_C}\right| \text{或} \mathrm{CMRR} = 20\log\left|\frac{A_D}{A_C}\right|(\mathrm{dB})$$

差动放大器的输入信号可采用直流信号也可采用交流信号。本实验由函数信号发生器提供频率 f=1kHz 的正弦信号作为输入信号。

三、实验设备

实验设备如表 18-1 所示。

表 18-1 实验设备

序号	名称	型号	数量	备注
1	±12V 直流电源		1	自备
2	函数信号发生器		1	自备
3	双踪示波器		1	自备
4	交流毫伏表		1	自备
5	直流电压表		1	自备
6	晶体三极管，要求 T1、T2 管特性参数一致	3DG6	3	自备
7	实验板		1	自备

四、实验内容

1. 典型差动放大器性能测试

按图 18-1 连接实验电路，开关 K 拨向左边构成典型差动放大器。

1）测量静态工作点

（1）调节放大器零点。

信号源不接入。将放大器输入端 A、B 与地短接，接通±12V 直流电源，用直流电压表测量输出电压 U_o，调节调零电位器 R_P，使 $U_o = 0$。调节要仔细，力求准确。

（2）测量静态工作点。

零点调好以后，用直流电压表测量 T_1、T_2 管各电极电位及射极电阻 R_E 两端电压 U_{RE}，记入表 18-2 中。

表 18-2　实验数据

测量值	U_{C1} / V	U_{B1} / V	U_{E1} / V	U_{C2} / V	U_{B2} / V	U_{E2} / V	U_{RE} / V
计算值	I_C / mA			I_B / mA		U_{CE} / V	

2）测量差模电压放大倍数

断开直流电源，将函数信号发生器的输出端接放大器输入 A 端，地端接放大器输入 B 端构成单端输入方式，调节输入信号为频率 f=1kHz 的正弦信号，并使输出旋钮旋至零，用示波器监视输出端（集电极 C_1 或 C_2 与地之间）。

接通±12V 直流电源，逐渐增大输入电压 U_i（增大约 100mV），在输出波形无失真的情况下，用交流毫伏表测 U_i、U_{C1}、U_{C2}，记入表 18-3 中，并用双踪示波器观察 u_i、u_{C1}、u_{C2} 之间的相位关系及 U_{RE} 随 U_i 的改变而变化的情况。

3）测量共模电压放大倍数

将放大器 A、B 短接，信号源接 A 端与地之间，构成共模输入方式，调节输入信号 f=1kHz，U_i =1V，在输出电压无失真的情况下，测量 U_{C1}、U_{C2} 之值记入表 18-3，并观察 u_i、u_{C1}、u_{C2} 之间的相位关系及 U_{RE} 随 U_i 的改变而变化的情况。

表 18-3　实验数据

	典型差动放大电路		具有恒流源差动放大电路	
	单端输入	共模输入	单端输入	共模输入
U_i	100mV	1V	100mV	1V
U_{C1} / V				
U_{C2} / V				
$A_{D1}=\frac{U_{C2}}{U_i}$		/		/
$A_D=\frac{U_o}{U_i}$		/		/
$A_{C1}=\frac{U_{C1}}{U_i}$	/		/	

续表

	典型差动放大电路		具有恒流源差动放大电路	
	单端输入	共模输入	单端输入	共模输入
$A_C = \frac{U_o}{U_i}$	/		/	
$CMRR = \left\|\frac{A_{D1}}{A_{C1}}\right\|$				

2. 具有恒流源的差动放大电路性能测试

将图 18-1 电路中开关 K 拨向右边，构成具有恒流源的差动放大电路。重复内容 1-2)、1-3）的要求，将数据记入表 18-3 中。

五、思考题

1. 整理实验数据，列表比较实验结果和理论估算值，分析误差原因。
2. 比较 u_i 、 u_{C1} 、 u_{C2} 之间的相位关系。
3. 根据实验结果，总结电阻 R_E 和恒流源的作用。

实验十九　集成运算放大器的基本应用

一、实验目的

（1）研究由集成运算放大器组成的比例、加法、减法和积分等基本运算电路的功能。

（2）了解运算放大器在实际应用时应考虑的一些问题。

二、实验原理

集成运算放大器是一种具有高电压放大倍数的直接耦合多级放大电路。当外部接入不同的线性或非线性元器件组成输入和负反馈电路时，可以灵活地实现各种特定的函数关系。在线性应用方面，可组成比例、加法、减法、积分、微分、对数等模拟运算电路。

1. 理想运算放大器特性

在大多数情况下，将运放视为理想运放，就是将运放的各项技术指标理想化，满足下列条件的运算放大器称为理想运放：

开环电压增益　$A_{ud}=\infty$；

输入阻抗　$r_i=\infty$；

输出阻抗　$r_o=0$；

带宽　$f_{BW}=\infty$；

失调与漂移均为零等。

理想运放在线性应用时的两个重要特性。

（1）输出电压U_o与输入电压之间满足关系式：

$$U_o=A_{ud}(U_+-U_-)$$

由于$A_{ud}=\infty$，而U_o为有限值，因此，$U_+-U_-\approx 0$。即$U_+\approx U_-$，称为“虚短”。

（2）由于$r_i=\infty$，故流进运放两个输入端的电流可视为零，即$I_{IB}=0$，称为“虚断”。这说明运放对其前级吸取电流极小。

上述两个特性是分析理想运放应用电路的基本原则，可简化运放电路的计算。

2. 基本运算电路

1）反相比例运算电路

电路如图 19-1 所示。对于理想运放，该电路的输出电压与输入电压之间的关系为

$$U_o = -\frac{R_F}{R_1}U_i$$

为了减小输入级偏置电流引起的运算误差，在同相输入端应接入平衡电阻 $R_2 = R_1 // R_F$。

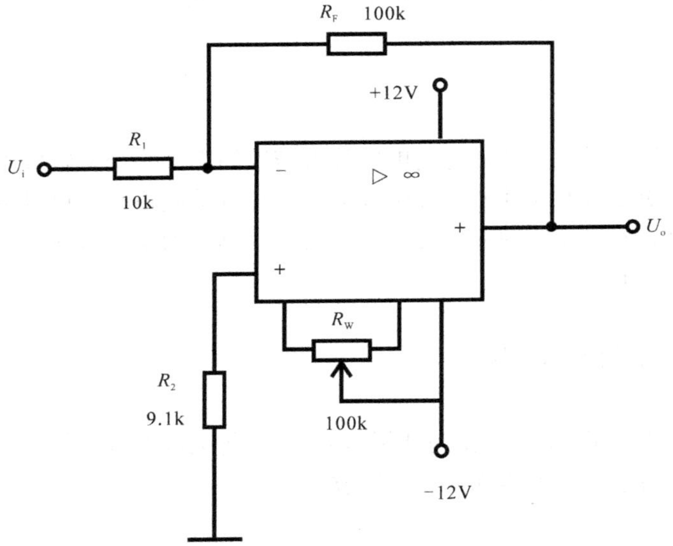

图 19-1　反相比例运算电路

2）反相加法电路

电路如图 19-2 所示，输出电压与输入电压之间的关系为

$$U_o = -\left(\frac{R_F}{R_1}U_{i1} + \frac{R_F}{R_2}U_{i2}\right)$$

$$R_3 = R_1 // R_2 // R_F$$

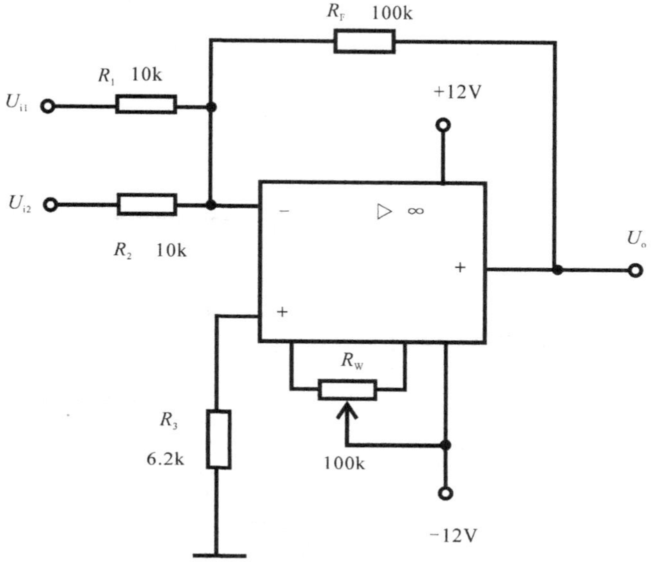

图 19-2　反相加法运算电路

3）同相比例运算电路

图 19-3（a）是同相比例运算电路，他的输出电压与输入电压之间的关系为

$$U_o = \left(1 + \frac{R_F}{R_1}\right) U_i$$

$$R_2 = R_1 \mathbin{/\!/} R_F$$

当 $R_1 \to \infty$ 时，$U_o = U_i$，即得到如图 19-3（b）所示的电压跟随器。图中 $R_2 = R_F$，用以减小漂移和起保护作用。一般 R_F 取 10kΩ，R_F 太小起不到保护作用，太大则影响跟随性。

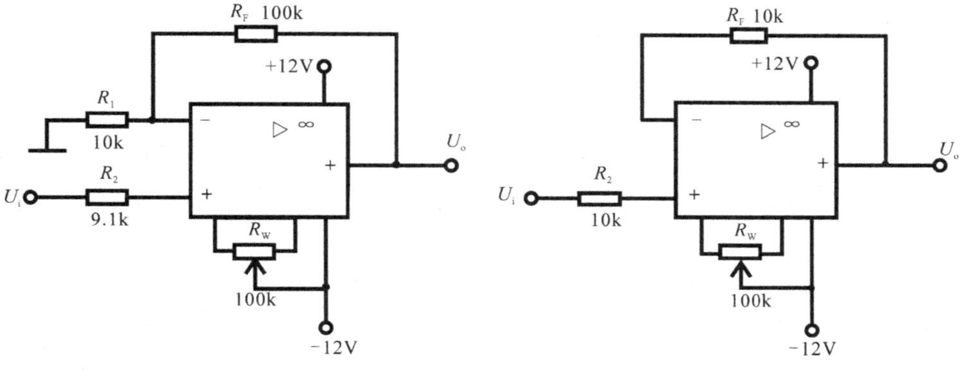

（a）同相比例运算电路　　（b）电压跟随器

图 19-3　同相比例运算电路

4）差动放大电路（减法器）

对于图 19-4 所示的减法运算电路，当 $R_1 = R_2$， $R_3 = R_F$ 时，有如下关系式

$$U_o = \frac{R_F}{R_1}(U_{i2} - U_{i1})$$

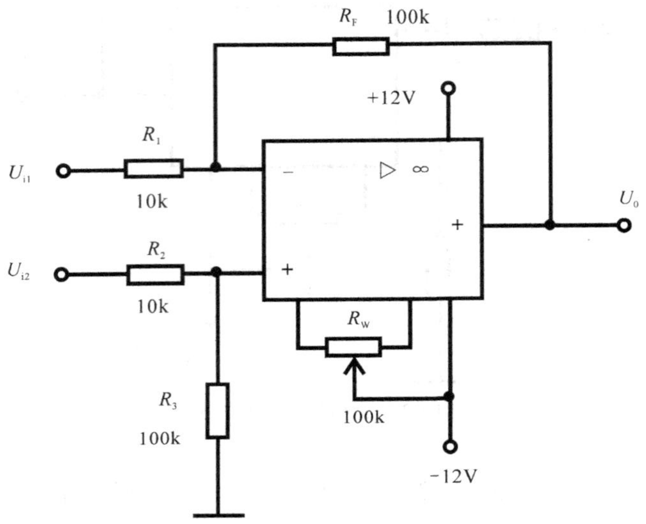

图 19-4 减法运算电路图

5）积分运算电路

反相积分电路如图 19-5 所示。在理想化条件下，输出电压 u_o 的计算方法如下

$$U_o(t) = -\frac{1}{R_1C}\int_0^t u_i \mathrm{d}t + u_C(0)$$

式中， $u_C(0)$ 是 $t = 0$ 时刻电容 C 两端的电压值，即初始值。

如果 $u_i(t)$ 是幅值为 E 的阶跃电压，并设 $u_C(0) = 0$，则

$$U_o(t) = -\frac{1}{R_1C}\int_0^t E\mathrm{d}t = -\frac{E}{R_1C}t$$

即输出电压 $u_o(t)$ 随时间增长而线性下降。显然 RC 的数值越大，达到给定的 U_o 值所需的时间就越长。积分输出电压所能达到的最大值受集成运放最大输出范围的限值。

在进行积分运算之前，首先应对运放调零。为了便于调节，将图中 K_1 闭合，即通过电阻 R_2 的负反馈作用帮助实现调零。但在完成调零后，应将 K_1 打开，以免因 R_2 的接入造成积分误差。K_2 的设置一方面为积分电容放电提供通路，同时可实现积分电容初始电压 $u_C(0) = 0$，另一方面，可控制积分起始点，即在加入信号 u_i 后，只要 K_2 一打开，电容就将被恒流充电，电路也就开始进行积分运算。

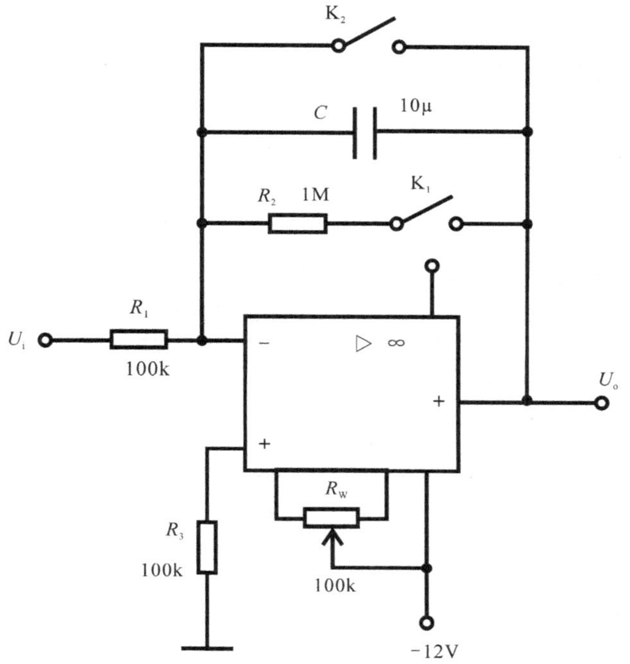

图 19-5　积分运算电路

三、实验设备

实验设备如表 19-1 所示。

表 19-1　实验设备

序号	名称	型号	数量	备注
1	±12V 直流电源		1	自备
2	函数信号发生器		1	自备
3	交流毫伏表		1	自备
4	直流电压表		1	自备
5	集成运算放大器	μA741	1	自备
6	电阻、电容		若干	自备

四、实验内容

实验前要看清运放组件各管脚的位置，切忌正、负电源极性接反和输出端短路，否则将会损坏集成块。

1. 反相比例运算电路

（1）按图 19-1 连接实验电路，接通 ± 12V 直流电源，输入端对地短路，进行调零和消振。

（2）输入 $f = 100\text{Hz}$，$U_i = 0.5\text{V}$ 的正弦交流信号，测量相应的 U_o，并用示波器观察 u_o 和 u_i 的相位关系，记入表 19-2 中。

表 19-2 $U_i = 0.5\text{V}$，$f = 100\text{Hz}$ 的实验数据和波形

U_i / V	U_o / V	u_i 波形	u_o 波形	A_V	
				实测值	计算值

2. 同相比例运算电路

（1）按图 19-3（a）连接实验电路。实验步骤同实验内容 1，将结果记入表 19-3 中。

（2）将图 19-3（a）中的 R_1 断开，得到如图 19-3（b）所示电路，重复 1 中内容。

表 19-3 $U_i = 0.5\text{V}$，$f = 100\text{Hz}$ 的实验数据和波形

U_i / V	U_o / V	u_i 波形	u_o 波形	A_V	
				实测值	计算值
		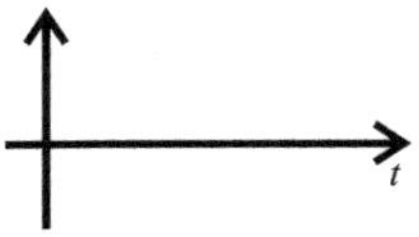			

3. 反相加法运算电路

（1）按图 19-2 连接实验电路。进行调零和消振。

（2）输入信号采用直流信号，图 19-6 所示电路为简易直流信号源，由实验者自行完成。实验时要注意选择合适的直流信号幅度以确保集成运放工作在线性区。用直流电压表测量输入电压 U_{i1}、U_{i2} 及输出电压 U_o，记入表 19-4 中。

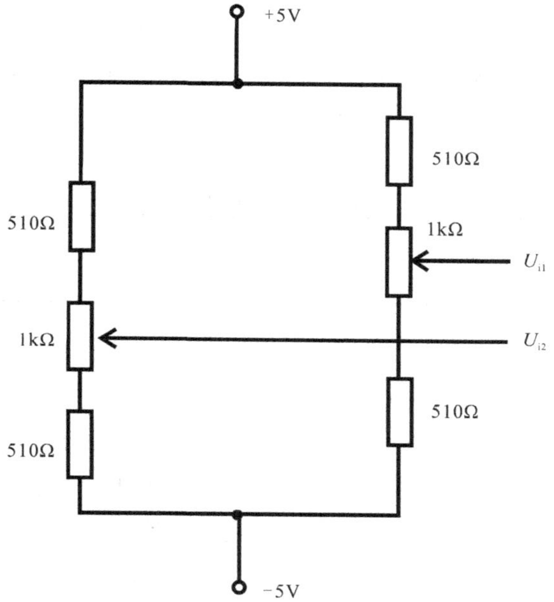

图 19-6　简易可调直流信号源

表 19-4　实验数据

U_{i1} / V					
U_{i2} / V					
U_o / V					

4. 减法运算电路

（1）按图 19-4 连接实验电路。进行调零和消振。

（2）采用直流输入信号，实验步骤同实验内容 3，将实验数据记入表 19-5 中。

表 19-5　实验数据

U_{i1} / V					
U_{i2} / V					
U_o / V					

5. 积分运算电路

实验电路如图 19-5 所示。

（1）打开 K_2，闭合 K_1，对运放输出进行调零。

（2）调零完成后，再打开 K_1，闭合 K_2，使 $u_C(0)=0$。

（3）预先调好直流输入电压 $U_i=0.5V$，接入实验电路，再打开 K_2，然后用直流电压表测量输出电压 U_o，每隔 5 秒读一次 U_o，记入表 19-6，直到 U_o 不再明显增大为止。

表 19-6　实验数据

t / s	0	5	10	15	20	25	30	……
U_o / V								

五、思考题

1. 整理实验数据，画出波形图（注意波形间的相位关系）。
2. 将理论计算结果和实测数据进行比较，分析产生误差的原因。
3. 在反相加法器中，如果 U_{i1} 和 U_{i2} 均采用直流信号，并选定 $U_{i2}=-1V$，当考虑到运算放大器的最大输出幅度（±12V），$|U_{i1}|$ 的大小不应超过多少伏？

实验二十　电压比较器

一、实验目的

（1）掌握电压比较器的电路构成及特点。

（2）学会测试比较器的方法。

二、实验原理

电压比较器是集成运放非线性应用电路，他将一个模拟量电压信号和一个参考电压相比较，在二者幅度相等的时间前后，输出电压将产生跃变，相应输出高电平或低电平。比较器可以组成非正弦波形变换电路及应用于模拟与数字信号转换等领域。

图 20-1 所示为一最简单的电压比较器，U_R 为参考电压，加在运放的同相输入端，输入电压 u_i 加在反相输入端。

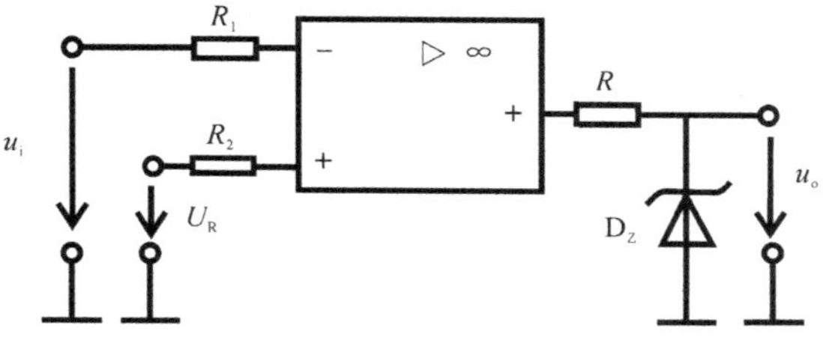

（a）电路图

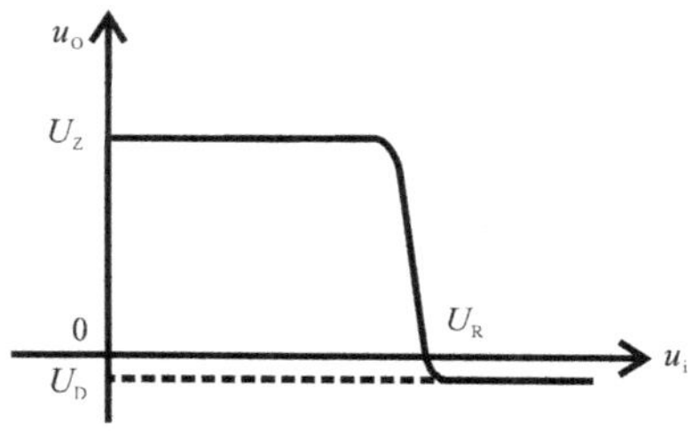

（b）传输特性

图 20-1　电压比较器

当 $u_i < U_R$ 时，运放输出高电平，稳压管 D_Z 反向稳压工作。输出端电位被其箝位在稳压管的稳定电压 U_Z，即 $u_o = U_Z$。

当 $u_i > U_R$ 时，运放输出低电平，D_Z 正向导通，输出电压等于稳压管的正向压降 U_D，即 $u_o = -U_D$。

因此，以 U_R 为界，当输入电压 u_i 变化时，输出端反映出两种状态：高电位和低电位。

表示输出电压与输入电压之间关系的特性曲线，称为传输特性。图 20-1（b）为图 21-1（a）比较器的传输特性。

常用的电压比较器有过零比较器、具有滞回特性的过零比较器、双限比较器（又称窗口比较器）等。

1. 过零比较器

加限幅电路的过零比较器如图 20-2 所示，D_Z为限幅稳压管。信号从运放的反相输入端输入，参考电压为零,从同相端输入。当$U_i > 0$时，输出$U_o = -(U_Z + U_D)$，当$U_i < 0$时，$U_o = U_Z + U_D$。其电压传输特性如图 20-2（b）所示。

过零比较器结构简单，灵敏度高，但抗干扰能力差。

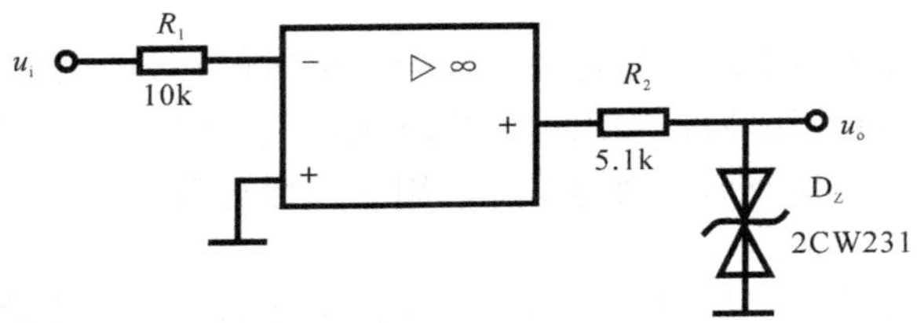

（a） 过零比较器

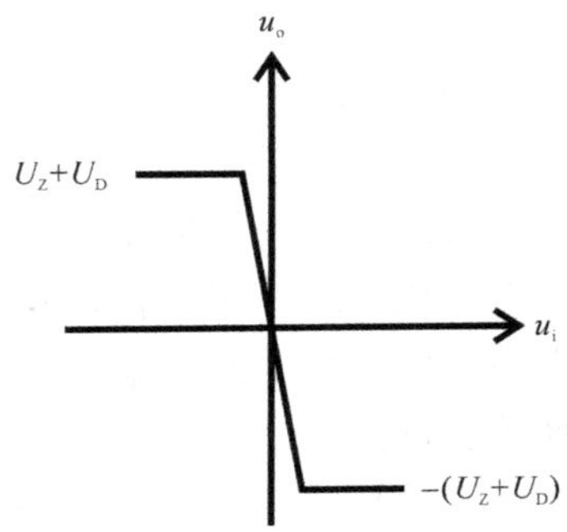

（b）电压传输特性

图 20-2 过零比较器

2. 滞回比较器

具有滞回特性的过零比较器如图 20-3 所示。

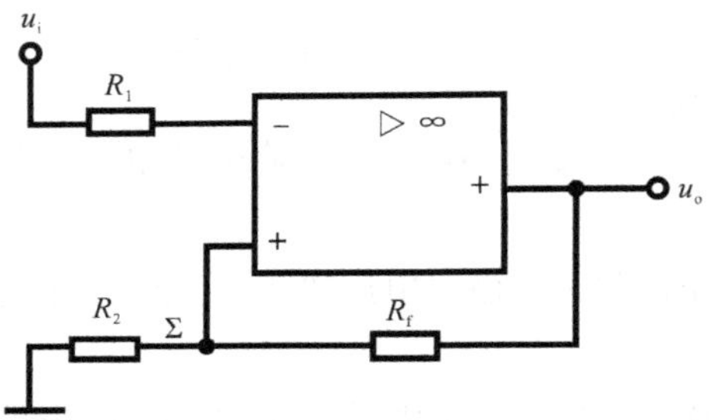

（a） 电路图

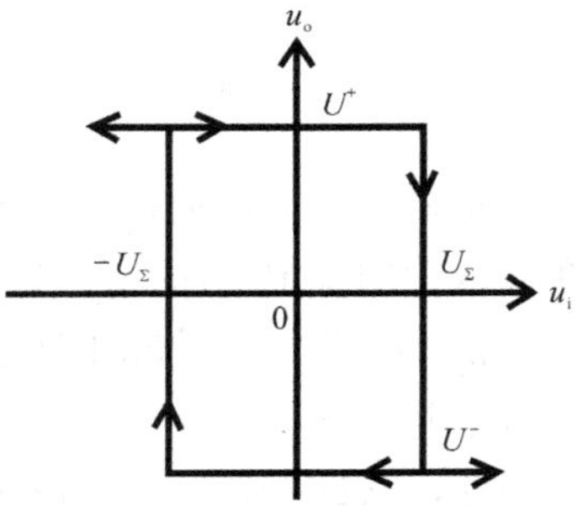

（b） 传输特性

图 20-3 滞回比较器

过零比较器在实际工作时，如果u_i恰好在过零值附近，由于零点漂移的存在，

u_o将不断由一个极限值转换到另一个极限值，这在控制系统中，对执行机构将是很不利的。为此，输出特性就需要有滞回现象。如图 20-3 所示，从输出端引一个电阻分压正反馈支路到同相输入端，若u_o改变状态，Σ点也随着改变电位，使过零点离开原来位置。当u_o为正（记作U^+）$U_\Sigma = U^+R_2/(R_f+R_2)$，当$u_i > U_\Sigma$后，$u_o$即由正变负（记作$U^-$），此时$U_\Sigma$变为$-U_\Sigma$。故只有当$u_i$下降到$-U_\Sigma$以下，才能使$u_o$再度回升到$U^+$，于是出现图 20-3（b）中所示的滞回特性。$-U_\Sigma$与$U_\Sigma$的差别称为回差。改变$R_2$的数值可以改变回差的大小。

3. 窗口（双限）比较器

简单的比较器仅能鉴别输入电压u_i比参考电压U_R高或低的情况，窗口比较电路是由两个简单比较器组成，如图 20-4 所示，他能指示出u_i值是否处于U_R^-和U_R^+之间。如$U_R^- < U_i < U_R^+$，窗口比较器的输出电压U_o等于运放的正饱和输出电压（$+U_{omax}$），如果$U_i < U_R^-$或$U_i > U_R^+$，则输出电压U_o等于运放的负饱和输出电压（$-U_{omax}$）。

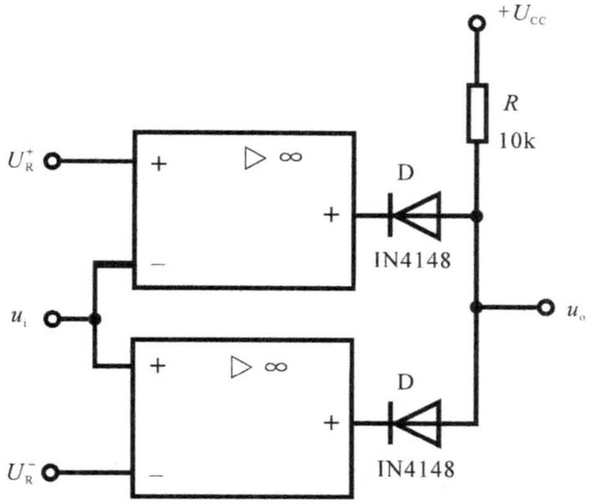

（a）电路图

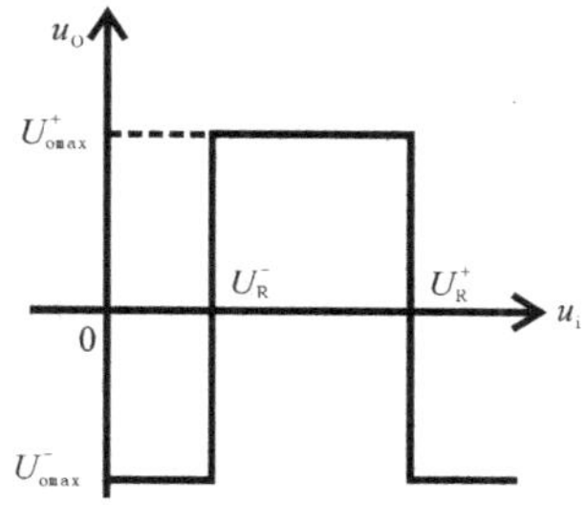

（b）传输特性

图 20-4　由两个简单比较器组成的窗口比较器

三、实验设备

实验设备如表 20-1 所示。

表 20-1　实验设备

序号	名称	型号	数量	备注
1	± 12V 直流电源		1	自备
2	函数信号发生器		1	自备

续表

序号	名称	型号	数量	备注
3	双踪示波器		1	自备
4	交流毫伏表		1	自备
5	直流电压表		1	自备
6	运算放大器	μA741	2	自备
7	稳压管	2CW231	2	自备
8	二极管	4148	2	自备
9	电阻		若干	自备

四、实验内容

1. 过零比较器

实验电路如图 20-2 所示。

（1）接通±12V 电源。

（2）测量u_i悬空时的U_o值。

（3）u_i输入 500Hz、幅值为 2V 的正弦信号，观察$u_i \to u_o$波形并记录。

（4）改变u_i幅值，测量传输特性曲线。

2. 反相滞回比较器

实验电路如图 20-5 所示。

（1）按图接线，u_i接+5V 可调直流电源，测出u_o由$+U_{omax} \to -U_{omax}$时u_i的临界值。

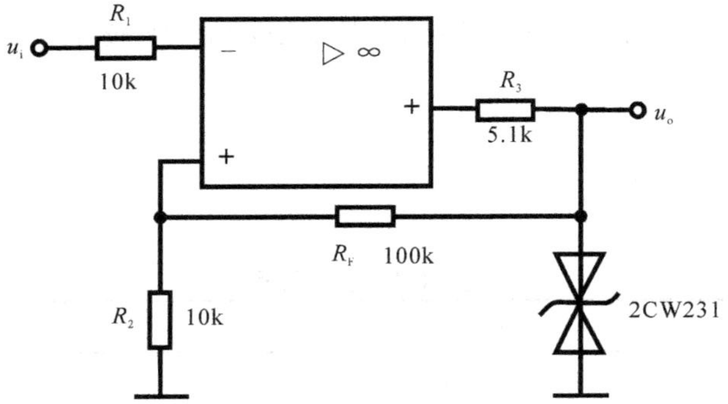

图 20-5　反相滞回比较器

（2）同步骤（1），测出 u_o 由 $-U_{omax} \to +U_{omax}$ 时 u_i 的临界值。
（3）u_i 接 500Hz，峰值为 2V 的正弦信号，观察并记录 $u_i \to u_o$ 波形。
（4）将分压支路 100kΩ 电阻改为 200kΩ，重复上述实验，测定传输特性。

3. 同相滞回比较器

实验线路如图 20-6 所示。
（1）参照实验内容 2，自拟实验步骤及方法。
（2）将结果与实验内容 2 进行比较。

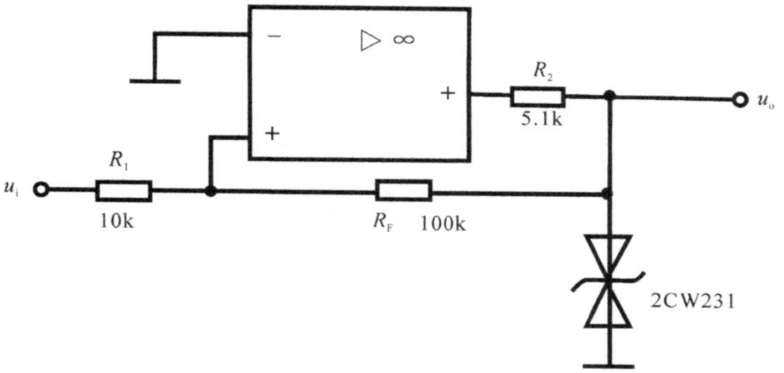

图 20-6　同相滞回比较器

4. 窗口比较器

参照图 20-4 自拟实验步骤和方法测定其传输特性。

五、思考题

1. 整理实验数据，绘制各类比较器的传输特性曲线。
2. 总结几种比较器的特点，阐明他们的应用。

实验二十一　RC 正弦波振荡器

一、实验目的

（1）进一步了解 RC 正弦波振荡器的组成及其振荡条件。
（2）学会测量、调试振荡器。

二、实验原理

从结构上看，正弦波振荡器是没有输入信号的，带选频网络的正反馈放大器。若用 R、C 元件组成选频网络，就称为 RC 振荡器，一般用来产生 1Hz～1MHz 的低频信号。

1. RC 移相振荡器

电路如图 21-1 所示，选择 $R \gg R_i$。

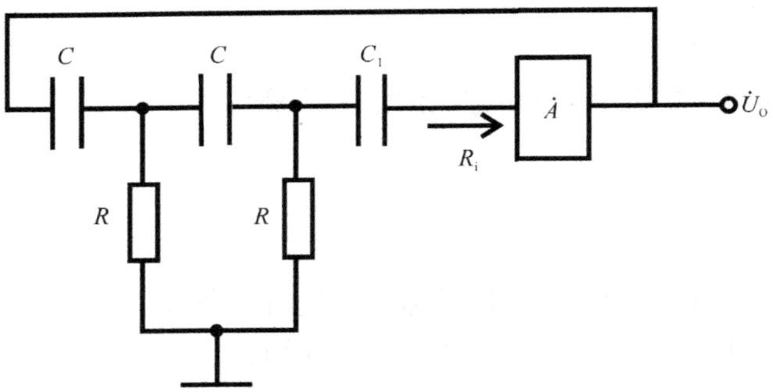

图 21-1　RC 移相振荡器原理图

振荡频率

$$f_o = \frac{1}{2\pi\sqrt{6}RC}$$

起振条件：放大器 A 的电压放大倍数 $|\dot{A}| > 29$。

电路特点：简便，但选频作用差，振幅不稳，频率调节不便，一般用于频率固定且稳定性要求不高的场合。

频率范围：几赫兹至数十千赫兹。

2. RC 串并联网络（文氏桥）振荡器

电路如图 21-2 所示。

振荡频率

$$f_o = \frac{1}{2\pi RC}$$

起振条件：$|\dot{A}| > 3$。

电路特点：可方便地连续改变振荡频率，便于加负反馈稳幅，容易得到良好的振荡波形。

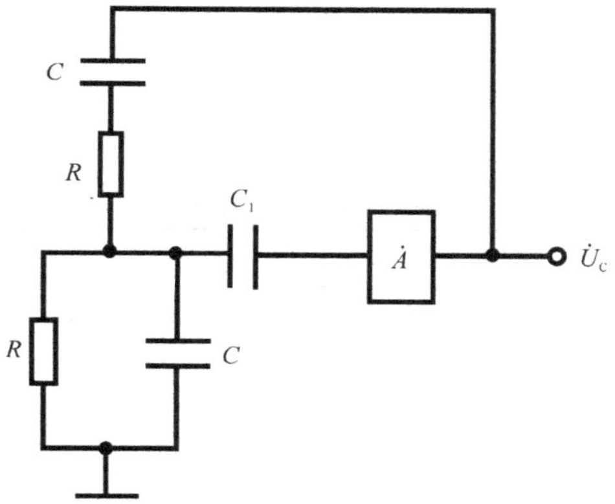

图 21-2　RC 串并联网络振荡器原理图

3. 双 T 选频网络振荡器

电路如图 21-3 所示。

振荡频率

$$f_o = \frac{1}{5RC}$$

起振条件：$R' < (R/2)$，$|\dot{A}\dot{F}| > 1$。

电路特点：选频特性好，调频困难，适于产生单一频率的振荡。

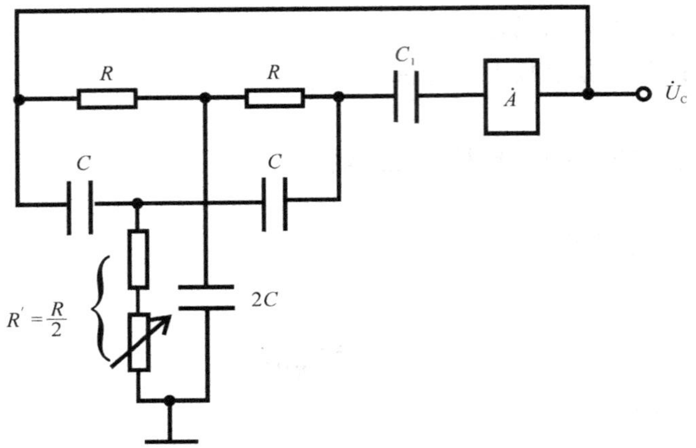

图 21-3　双 T 选频网络振荡器原理图

注：本实验采用两级共射极分立元件放大器组成 RC 正弦波振荡器。

三、实验设备

实验设备如表 21-1 所示。

表 21-1　实验设备

序号	名称	型号	数量	备注
1	+12V 直流电源		1	自备
2	函数信号发生器		1	自备
3	双踪示波器		1	自备
4	频率计		1	自备
5	直流电压表		1	自备
6	三极管	3DG12 或 9013	2	自备
7	电阻、电容、电位器			

四、实验内容

1. RC 串并联选频网络振荡器

（1）按图 21-4 组接线路。

（2）断开 RC 串并联网络，测量放大器静态工作点及电压放大倍数。

（3）接通 RC 串并联网络，并使电路起振，用示波器观测输出电压 u_o 波形，调

节 R_f 以获得满意的正弦信号，记录波形及其参数。

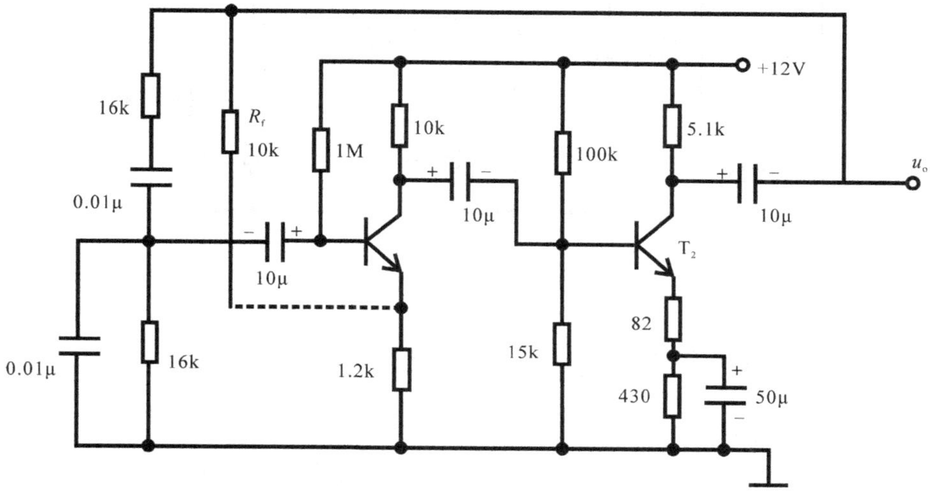

图 21-4　RC 串并联选频网络振荡器

（4）测量振荡频率，并与计算值进行比较。

（5）改变 R 或 C 的值，观察振荡频率变化情况。

（6）对 RC 串并联网络幅频特性进行观察。

将 RC 串并联网络与放大器断开，用函数信号发生器的正弦信号注入 RC 串并联网络，保持输入信号的幅度不变（约 3V），频率由低到高变化，RC 串并联网络输出幅值将随之变化，当信号源达某一频率时，RC 串并联网络的输出将达最大值（约 1V）。且输入、输出同相位，此时信号源频率为

$$f = f_o = \frac{1}{2\pi RC}$$

2. 双 T 选频网络振荡器

（1）按图 21-5 组接线路。

（2）断开双 T 网络，调试 T_1 管静态工作点，使 U_{C1} 为 6～7V。

（3）接入双 T 网络，用示波器观察输出波形。若不起振，调节 R_{W1}，使电路起振。

（4）测量电路振荡频率，并与计算值比较。

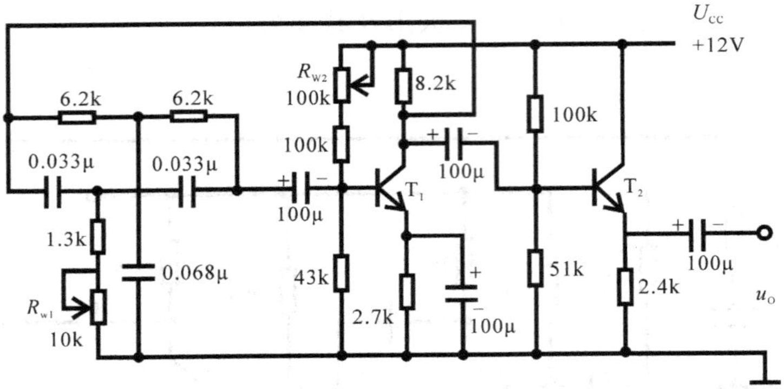

图 21-5 双 T 选频网络振荡器

3. **RC 移相式振荡器的组装与调试（选作内容）**

（1）按图 21-6 组接线路。

（2）断开 RC 移相电路，调整放大器的静态工作点，测量放大器电压放大倍数。

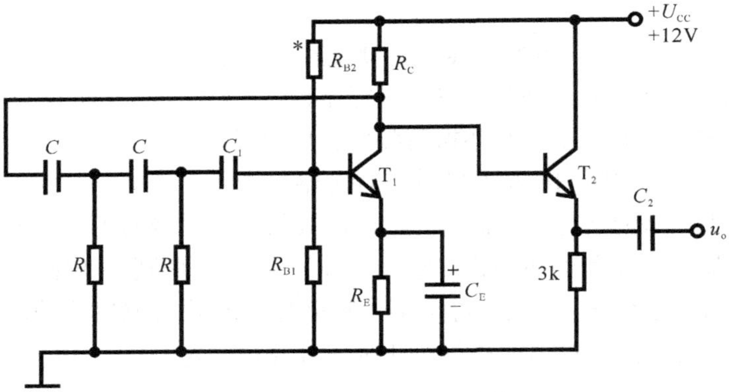

图 21-6 RC 移相式振荡器

（3）接通 RC 移相电路，调节 R_{B2} 使电路起振，并使输出波形幅度达到最大，用示波器观测输出电压 u_o 波形，同时用频率计和示波器测量振荡频率，并与理论值比较。

说明：实验内容 3 可作为选作内容，参数自选，时间不够可不作。

五、思考题

1. 由给定电路参数计算振荡频率，并与实测值进行比较，分析误差产生的原因。
2. 总结三类 RC 振荡器的特点。

实验二十二　直流稳压电源

一、实验目的

（1）研究单相桥式整流、电容滤波电路的特性。

（2）研究集成稳压器的特点，掌握性能指标的测试方法。

（3）学习集成稳压器扩展性能的方法。

二、实验原理

电子设备一般都需要直流电源供电。其中除了少数是直接利用干电池和直流发电机供电外，大多数是采用把交流电（市电）转变为直流电的直流稳压电源。

直流稳压电源由电源变压器、整流电路、滤波电路和稳压电路四部分组成，其原理框图如图 22-1 所示。电网供给的交流电压u_1（220V，50Hz）经电源变压器降压后，得到符合电路需要的交流电压u_2，然后由整流电路变换成方向不变、大小随时间变化的脉动电压u_3，再用滤波器滤去其交流分量，就可得到比较平直的直流电压u_1。但这样的直流输出电压，还会随交流电网电压的波动或负载的变动而变化。在对直流供电要求较高的场合，需要使用稳压电路，以保证输出直流电压更加稳定。

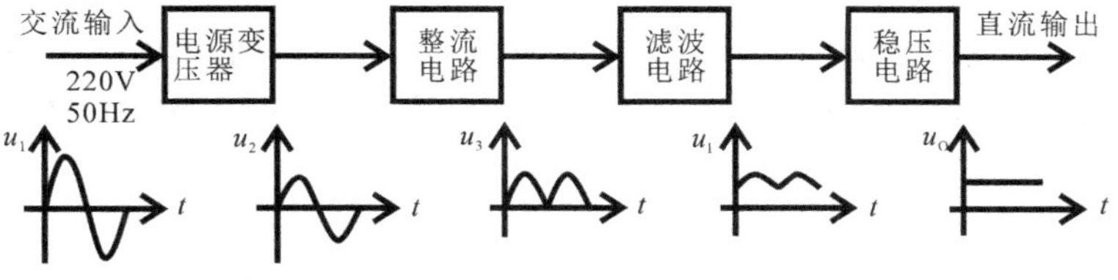

图 22-1　直流稳压电源框图

随着半导体工艺的发展，稳压电路也制成了集成器件。由于集成稳压器具有体积小、外接线路简单、使用方便、工作可靠和通用性等优点，因此在各种电子设备中应用十分普遍，基本上取代了由分立元件构成的稳压电路。集成稳压器的种类很多，应根据设备对直流电源的要求来进行选择。对于大多数电子仪器、设备和电子电路来说，通常是选用串联线性集成稳压器。而在这种类型的器件中，又以三端式稳压器应用最为广泛。

W7800、W7900 系列三端式集成稳压器的输出电压是固定的，在使用中不能进行调整。W7800 系列三端式稳压器输出正极性电压，一般有 5V、6V、9V、12V、15V、18V、24V 七个挡位，输出电流最大可达 1.5A（加散热片）。同类型 78M 系列稳压器的输出电流为 0.5A，78L 系列稳压器的输出电流为 0.1A。若要求负极性输出电压，则可选用 W7900 系列稳压器。

图 22-2 为 W7800 系列的外形和接线图。他有三个引出端：

输入端（不稳定电压输入端）——“1”。

输出端（稳定电压输出端）——“3”。

公共端——“2”。

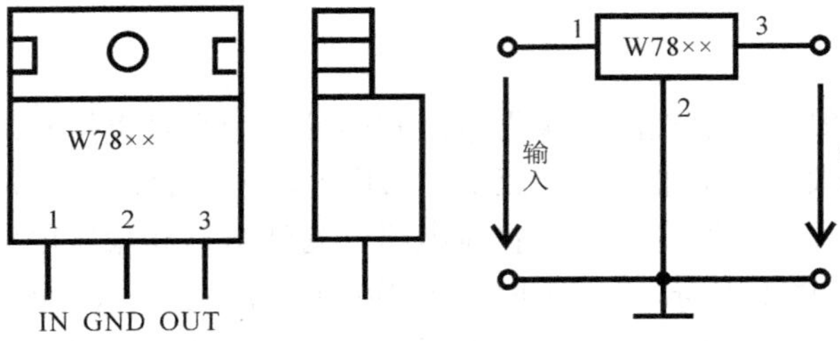

图 22-2　W7800 系列外形及接线图

除固定输出三端稳压器外，尚有可调式三端稳压器，后者可通过外接元件对输出电压进行调整，以适应不同的需要。

本实验所用集成稳压器为三端固定正稳压器 W7812，他的主要参数有：输出直流电压 $U_O = +12V$，输出电流 L 系列为 0.1A，M 系列为 0.5A，电压调整率 10mV/V，输出电阻 $R_O = 0.15\Omega$，输入电压 U_I 的范围 15～17V。一般 U_I 要比 U_O 大 3～5V，才能保证集成稳压器工作在线性区。

图 22-3 是用三端式稳压器 W7812 构成的单电源电压输出串联型稳压电源的实验电路图。其中整流部分采用了由四个二极管组成的桥式整流器成品（又称桥堆），型号为 2W06（或 KBP306），内部接线和外部管脚引线如图 22-4 所示。滤波电容 C_1、C_2 一般选取范围为几百至几千微法。当稳压器距离整流滤波电路比较远时，在输入端必须接入电容器 C_3(0.33μF)，以抵消线路的电感效应，防止产生自激振荡。输出端电容 C_4(0.1μF)用以滤除输出端的高频信号，改善电路的暂态响应。

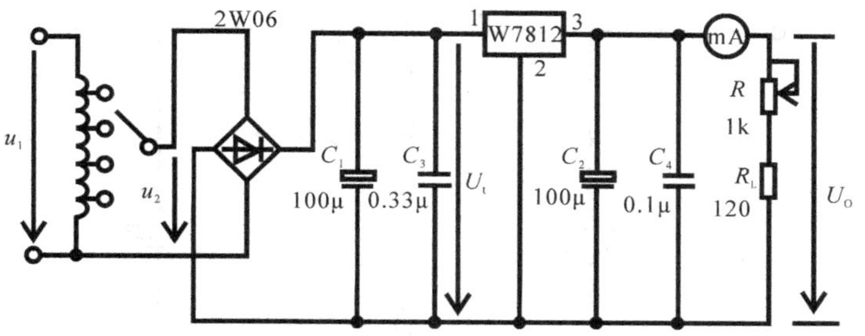

图 22-3　由 W7812 构成的串联型稳压电源

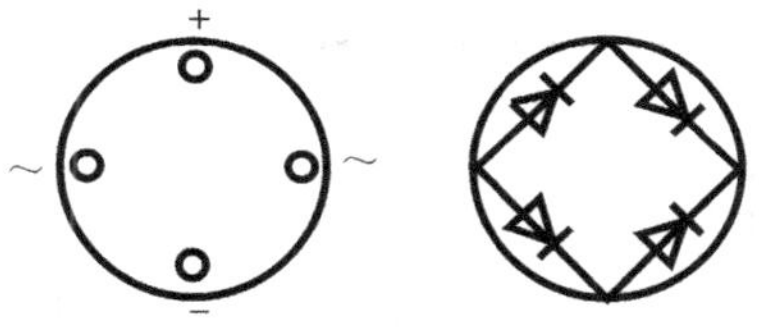

（a）圆桥 2W06

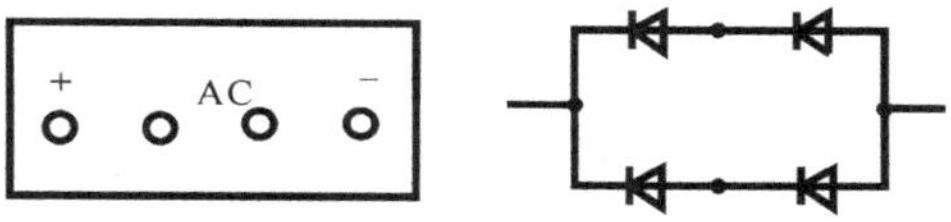

（b）排桥 KBP306

图 22-4　桥堆管脚图

图 22-5 为正、负双电压输出电路，例如，需要 $U_{O1}=+15V$，$U_{O2}=-15V$，则可选用 W7815 和 W7915 三端稳压器，这时的 U_I 应为单电压输出时的两倍。

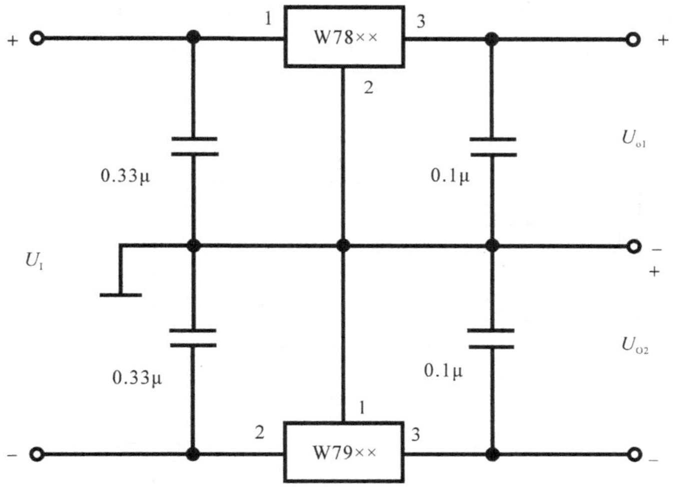

图 22-5　正、负双电压输出电路

当集成稳压器本身的输出电压或输出电流不能满足要求时，可通过外接电路来进行性能扩展。图 22-6 是一种简单的输出电压扩展电路。如 W7812 稳压器的 3、2 端间输出电压为 12V，因此只要适当选择 R 的值，使稳压管 D_W 工作在稳压区，则输出电压 $U_O=+12U_Z$，可以高于稳压器本身的输出电压。

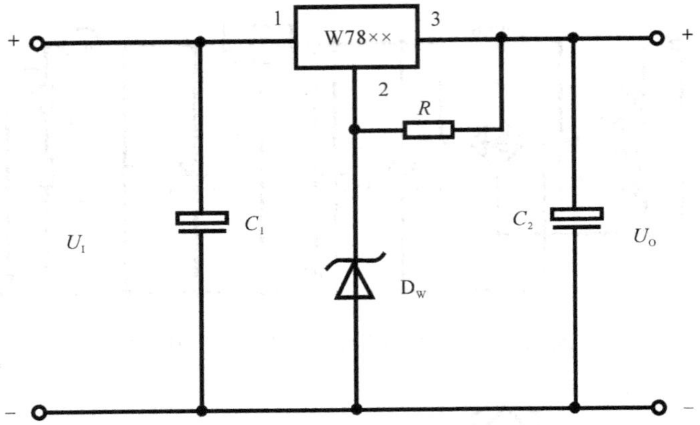

图 22-6 输出电压扩展电路

图 22-7 是通过外接晶体管 T 及电阻 R_1 来进行电流扩展的电路。电阻 R_1 的阻值由外接晶体管的发射结导通电压 U_{BE}、三端式稳压器的输入电流 I_i（近似等于三端稳压器的输出电流 I_{O1}）和 T 的基极电流 I_B 来决定，即

$$R_1 = \frac{U_{BE}}{I_R} = \frac{U_{BE}}{I_i - I_B} = \frac{U_{BE}}{I_{O1} - \frac{I_C}{\beta}}$$

式中，I_C 为晶体管 T 的集电极电流，$I_C = I_O - I_{O1}$；β 为 T 的电流放大系数；对于锗管 U_{BE} 可按 0.3V 估算，对于硅管 U_{BE} 按 0.7V 估算。

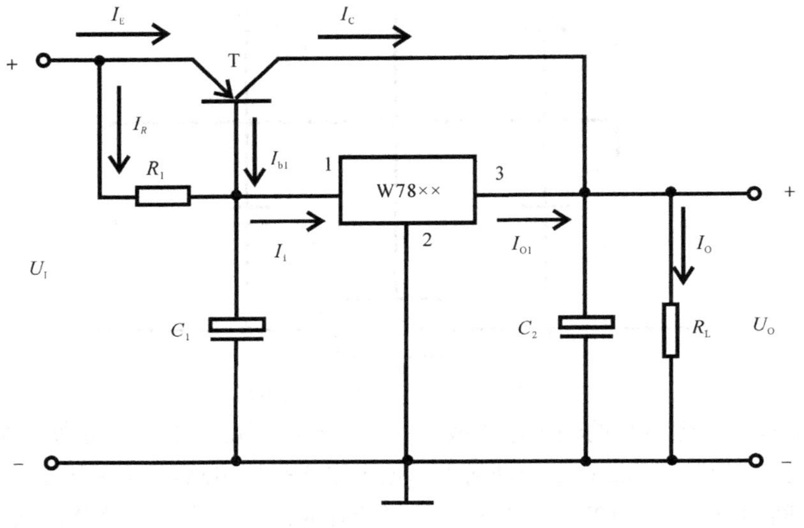

图 22-7 输出电流扩展电路

图 22-8 为 W7900 系列（输出负电压）外形及接线图。

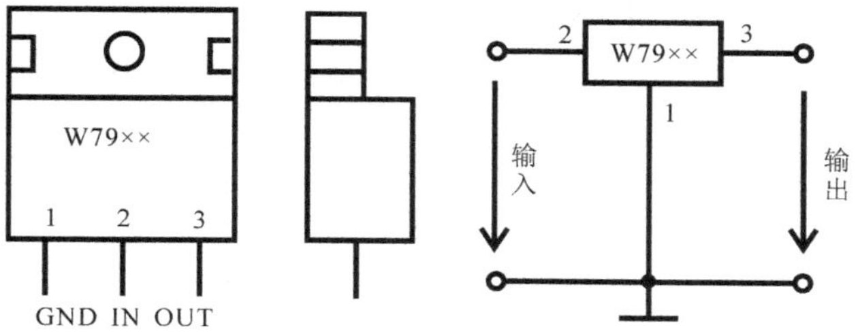

图 22-8　W7900 系列外形及接线图

图 22-9 为可调输出正三端稳压器 W317 外形及接线图。

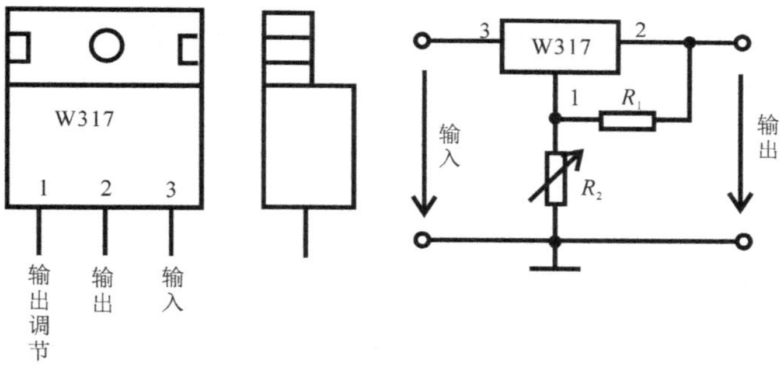

图 22-9　W317 外形及接线图

输出电压计算公式：

$$U_O \approx 1.25\left(1+\frac{R_2}{R_1}\right)$$

最大输入电压：

$$U_{Im} = 40V$$

输出电压范围：

$$U_O：1.2\sim37V$$

稳压电源的主要性能指标：

（1）输出电压U_O。

（2）最大负载电流I_{Om}。

（3）输出电阻R_O。

输出电阻R_O定义为：当输入电压U_I（指稳压电路输入电压）保持不变，由于负载变化而引起的输出电压变化量与输出电流变化量之比，即

$$R_O = \frac{\Delta U_O}{\Delta I_O}$$

（4）稳压系数 S （电压调整率）。

稳压系数 S 定义为：当负载保持不变，输出电压相对变化量与输入电压相对变化量之比，即

$$S = \frac{\dfrac{\Delta U_O}{U_O}}{\dfrac{\Delta U_I}{U_I}}$$

由于工程上常把电网电压波动±10％作为极限条件，因此也会将此时输出电压的相对变化 $\Delta U_O / U_O$ 作为衡量指标，称为电压调整率。

（5）纹波电压。

输出纹波电压是指在额定负载条件下，输出电压中所含交流分量的有效值（或峰值）。

三、实验设备

实验设备如表 22-1 所示。

表 22-1　实验设备

序号	名称	型号与规格	数量	备注
1	可调工频电源		1	自备
2	双踪示波器		1	自备
3	交流毫伏表		1	自备
4	直流电压表		1	自备
5	直流毫安表		1	自备
6	三端稳压器	W7812、W7815、W7915	1	自备
7	桥堆	2W06（或 KBP306）	1	自备
8	滑线变阻器	200Ω/1A	1	自备
9	电阻、电容		若干	自备

四、实验内容

1. 整流滤波电路测试

按图 22-10 连接实验电路，取可调工频电源 14V 电压作为整流电路输入电压

u_2。接通工频电源，测量输出端直流电压U_L及纹波电压$\tilde{U}_L$，用示波器观察u_2、u_L的波形，把数据及波形记入表 22-2 中。

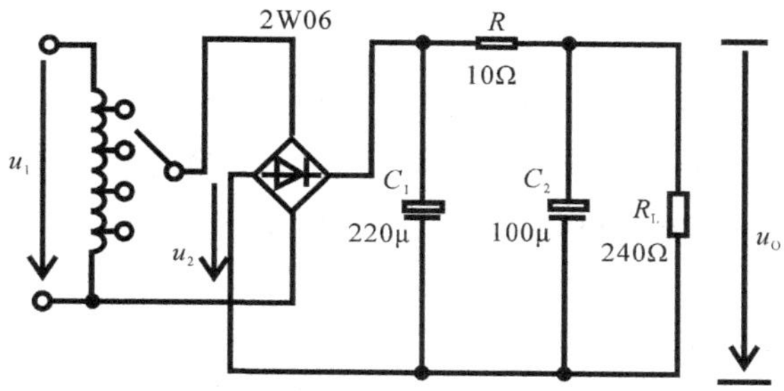

图 22-10　整流滤波电路

表 22-2　$U_2 = 14V$ 的实验数据和波形

电路形式		U_L / V	$\tilde{U}_L$ / V	u_L 波形
$R_L = 240\Omega$	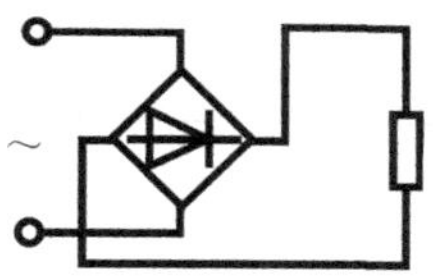			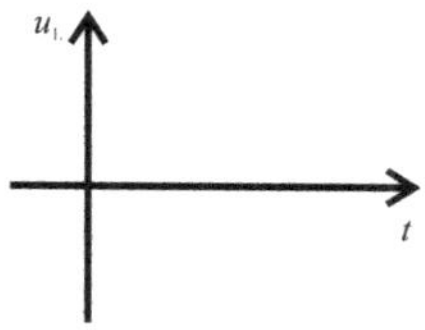
$R_L = 240\Omega$ $C_1 = 220\mu F$ $C_2 = 100\mu F$ $R = 10\Omega$	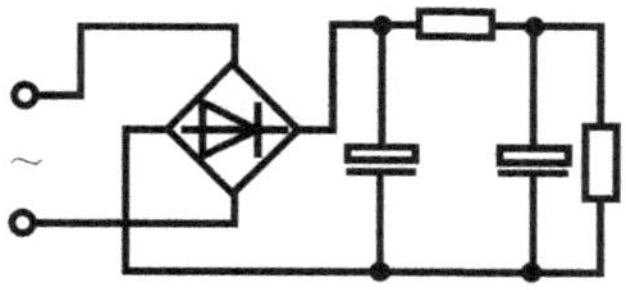			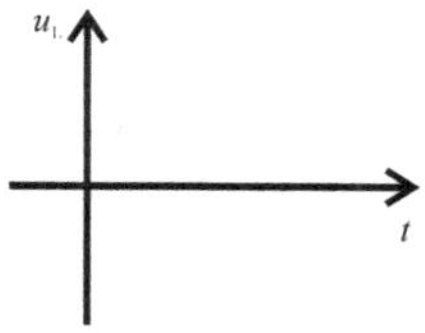
$R_L = 120\Omega$ $C_1 = 220\mu F$ $C_2 = 100\mu F$ $R = 10\Omega$	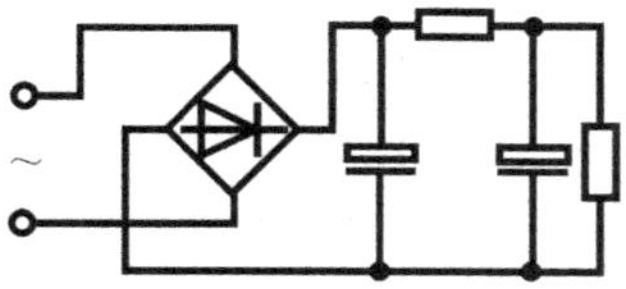			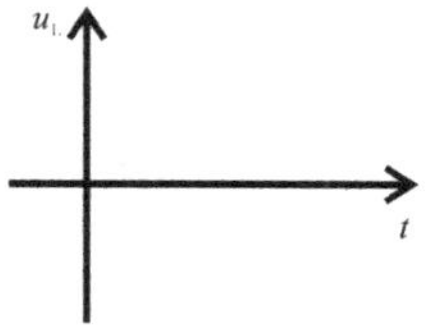

2. 集成稳压器性能测试

断开工频电源，按图 22-3 连接实验电路，取负载电阻$R_L = 120\Omega$。

1）初测

接通工频 14V 电源，测量U_2值，测量滤波电路输出电压U_I（稳压器输入电压），集成稳压器输出电压U_O，他们的数值应与理论值大致符合，否则说明电路出了故障。设法查找故障并加以排除。

电路经初测进入正常工作状态后，才能进行各项指标的测试。

2）各项性能指标测试

（1）输出电压U_O和最大输出电流I_{OMAX}的测量。

在输出端接负载电阻$R_L=120\Omega$，由于W7812输出电压$U_O=12V$，因此流过R_L的电流$I_{OMAX}=12/120=100mA$。这时U_O应基本保持不变，若变化较大则说明集成块性能不良。

（2）稳压系数S的测量。

取$I_O=50mA$，按表22-3改变整流电路输入电压U_2（模拟电网电压波动），分别测出相应的稳压器输入电压U_I及输出直流电压U_O，记入表22-3中。

表22-3　$I_O=50mA$的实验数据

测试值			计算值
U_2/V	U_I/V	U_O/V	S
10			$S_{12}=$
14		12	
17			$S_{23}=$

（3）输出电阻R_O的测量。

取$U_2=14V$，改变滑线变阻器位置，使I_O为空载、50mA和100mA，测量相应的U_O值，记入表22-4中。

表22-4　$U_2=14V$的实验数据

测试值		计算值
I_O/mA	U_O/V	R_O/Ω
空载		$R_{O12}=$
50	12	
100		$R_{O23}=$

（4）输出纹波电压的测量。

取$U_2=14V$，$U_O=12V$，$I_O=100mA$，测量输出纹波电压U_O并记录。

3）集成稳压器性能扩展（选作内容）

根据实验器材，选取图22-5、图22-6或图22-9中各元器件，并自拟测试方法与表格，记录实验结果。

说明：实验内容 2-3）可作为选作内容。

五、思考题

1. 整理实验数据，列出实验结果。
2. 讨论表 22-2 中的波形说明的问题。
3. 计算 S 和 R_O，说明有稳压和无稳压两种电源的稳定程度。

实验二十三　晶闸管可控整流电路

一、实验目的

（1）学习单结晶体管和晶闸管的简易测试方法。

（2）熟悉单结晶体管触发电路（阻容移相桥触发电路）的工作原理及调试方法。

（3）熟悉用单结晶体管触发电路控制晶闸管调压电路的方法。

二、实验原理

可控整流电路的作用是把交流电变换为电压值可以调节的直流电。图 23-1 所示为单相半控桥式整流实验电路。主电路由负载 R_L（灯泡）和晶闸管 T_1 组成，触发电路为单结晶体管 T_2 及一些阻容元件构成的阻容移相桥触发电路。改变晶闸管 T_1 的导通角，便可调节主电路的可控输出整流电压（或电流）的数值，这点可由灯泡负载的亮度变化看出。晶闸管导通角的大小决定于触发脉冲的频率 f ，由公式 $f=\ln\left[1/(1-\eta)\right]/RC$ 可知，当单结晶体管的分压比 η（一般在 0.5～0.8 之间）及电容 C 值固定时，则频率 f 大小由 R 决定，因此通过调节电位器 R_W 改变触发脉冲频率，主电路的输出电压也随之改变，从而达到可控调压的目的。

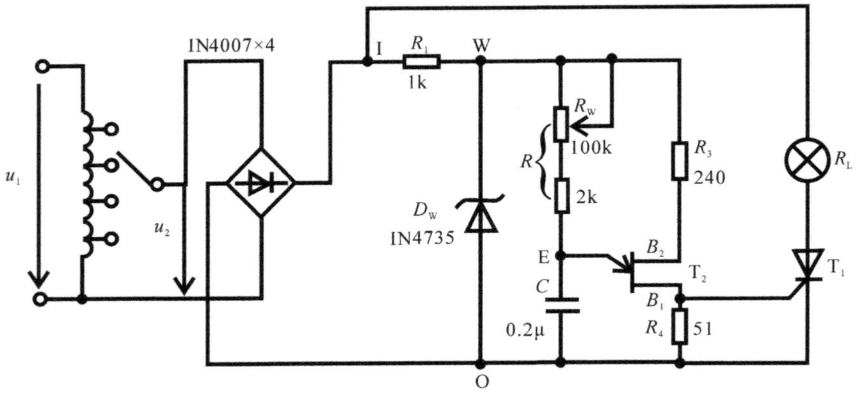

图 23-1　单相半控桥式整流实验电路

用万用电表的电阻挡（或用数字万用电表二极管挡）可以对单结晶体管和晶闸管进行简易测试。

图 23-2 为单结晶体管 BT33 管脚排列、结构图及电路符号。优质的单结晶体管 PN 结正向电阻 R_{EB_1} 、R_{EB_2} 均较小，且 R_{EB_1} 略大于 R_{EB_2} ，PN 结的反向电阻 R_{B_1E} 、R_{B_2E} 均很大，根据所测阻值，即可判断出各管脚及管质量的优劣。

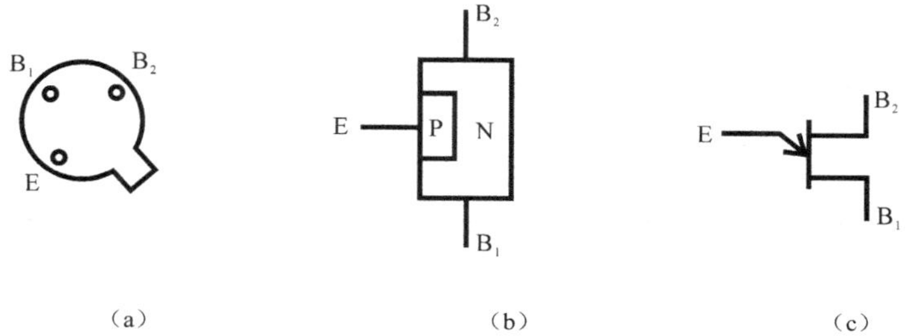

图 23-2　单结晶体管 BT33 管脚排列、结构图及电路符号

图 23-3 为晶闸管 3CT3A 管脚排列、结构图及电路符号。晶闸管阳极（A）和阴极（K）、阳极（A）和门极（G）之间的正、反向电阻 R_{AK} 、R_{KA} 、R_{AG} 、R_{GA} 均很大，而 G 和 K 之间为一个 PN 结，PN 结正向电阻较小，反向电阻很大。

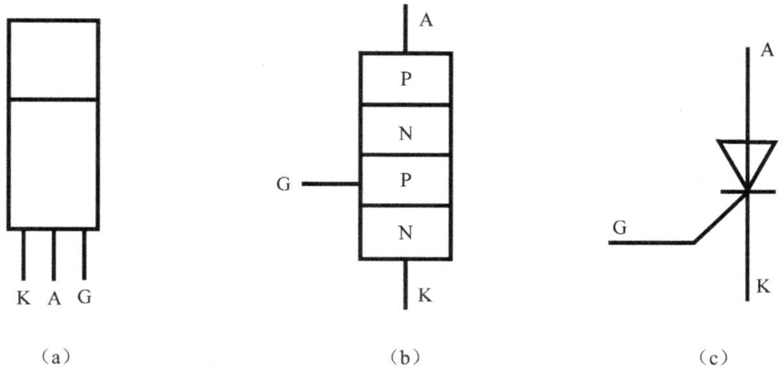

图 23-3　晶闸管 3CT3A 管脚排列、结构图及电路符号

三、实验设备及器件

实验设备如表 23-1 所示。

表 23-1　实验设备

序号	名称	型号	数量	备注
1	可调工频电源		1	自备
2	双踪示波器		1	自备

续表

序号	名称	型号	数量	备注
3	交流毫伏表		1	自备
4	直流电压表		1	自备
5	±5V 直流电源		1	
6	±12V 直流电源		1	
7	万用电表		1	自备
8	晶闸管 、单结晶体管 、稳压管	3CT3A、BT33、IN4735	各 1	
9	灯泡 12V / 0.1A		1	
10	二极管	IN4007	4	

四、实验内容

1. 单结晶体管的简易测试

用万用电表 R×10Ω 挡分别测量 EB_1、EB_2 间正、反向电阻，记入表 23-2。

表 23-2 单结晶体管的简易测试实验数据

R_{EB_1} / Ω	R_{EB_2} / Ω	R_{B_1E} / kΩ	R_{B_2E} / Ω	结论

2. 晶闸管的简易测试

用万用电表 R×1k 挡分别测量 A 和 K、A 和 G 间正、反向电阻；用 R×10Ω 挡测量 G 和 K 间正、反向电阻，记入表 23-3。

表 23-3 晶闸管的简易测试实验数据

R_{AK} / kΩ	R_{KA} / kΩ	R_{AG} / kΩ	R_{GA} / kΩ	R_{GK} / kΩ	R_{KG} / kΩ	结论

3. 晶闸管导通，关断条件测试

断开±12V、±5V 直流电源，按图 23-4 连接实验电路。

（1）晶闸管阳极加 12V 正向电压，门极开路，加 5V 正向电压，观察管是否导通（导通时灯泡亮起，关断时灯泡熄灭），管导通后，去掉+5V 门极电压、反接门极电压（接–5V），观察管是否继续导通。

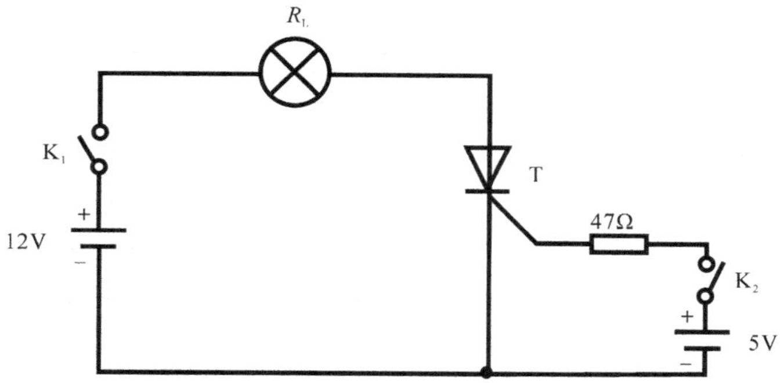

图 23-4　晶闸管导通、关断条件测试实验电路

（2）晶闸管导通后，去掉+12V 阳极电压、反接阳极电压（接–12V），观察管是否关断。记录实验现象。

4. 晶闸管可控整流电路

按图 23-1 连接实验电路。取可调工频电源 14V 电压作为整流电路输入电压 u_2，电位器 R_W 置中间位置。

1）单结晶体管触发电路

①断开主电路（把灯泡取下），接通工频电源，测量 U_2 值。用示波器依次观察并记录交流电压 u_2、整流输出电压 u_I(I - 0)、削波电压 u_W(W - 0)、锯齿波电压 u_E(E - 0)、触发输出电压 u_{B_1}(B_1 - 0)。记录波形时，注意各波形间的对应关系，并标出电压幅度及时间。记入表 23-4。

②改变移相电位器 R_W 阻值，观察 u_E 及 u_{B1} 波形的变化及 u_{B1} 的移相范围，记入表 23-4。

表 23-4　单结晶体管触发电路实验数据

u_2	u_I	u_W	u_E	u_{B_1}	移相范围

2）可控整流电路

断开工频电源，接入负载灯泡 R_L，再接通工频电源，调节电位器 R_w，使灯泡由暗到较亮，再到最亮，用示波器观察晶闸管两端电压 u_T 及负载两端电压 u_L 的波形变化，并测量负载直流电压 U_L 及工频电源电压 U_2 的有效值，记入表 23-5。

表 23-5　可控整流电路的实验现象及数据

	暗	较亮	最亮
u_L 波形			

续表

	暗	较亮	最亮
u_T 波形			
导通角 θ			
U_L / V			
U_2 / V			

五、思考题

1. 总结晶闸管导通、关断的基本条件。
2. 画出实验中记录的波形（注意各波形间对应关系），并进行讨论。
3. 将实验数据 U_L 与理论计算数据 $U_L = 0.9U_2\dfrac{1+\cos\alpha}{2}$ 进行比较，并分析产生误差的原因。
4. 分析实验中出现的异常现象。

实验二十四　TTL 集成逻辑门电路及其应用

一、实验目的

（1）掌握与非门的逻辑功能及其测试方法。
（2）了解 TTL 与非门的特点及测试传输特性。
（3）学习用与非门组成其他几种逻辑门及半加器的方法。
（4）了解中规模集成电路全加器的使用方法。

二、实验原理

1. TTL 与非门外引线排列

图 24-1 列出 74LS00 型 TTL 二输入四与非门芯片的外引线排列及逻辑图。他是数字电路中应用十分广泛的基本器件之一。TTL 与非门对电源电压要求比较严格，一般为 5（1±10%）V，阀值电压 U_r 约为 1.4V。

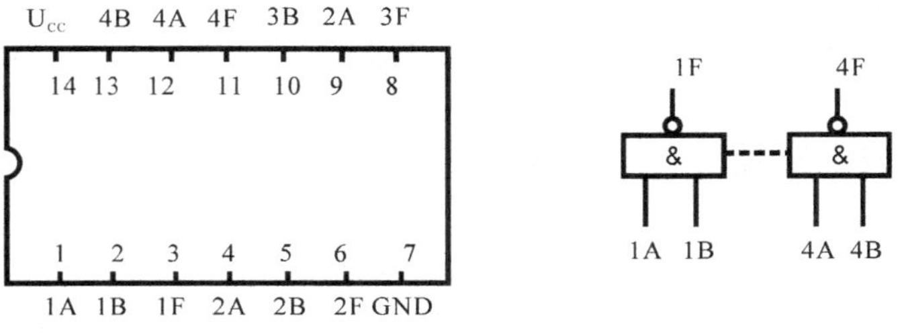

（a）外引线排列　　（b）逻辑图

图 24-1　74LS00 型 TTL2 输入 4 与非门芯片的外引线排列及逻辑图

2. TTL 与非门的电压传输特性

电压传输特性是指与非门电路的输出电压与输入电压之间的关系，即 $U_O = f(U_I)$，如图 24-2 所示。

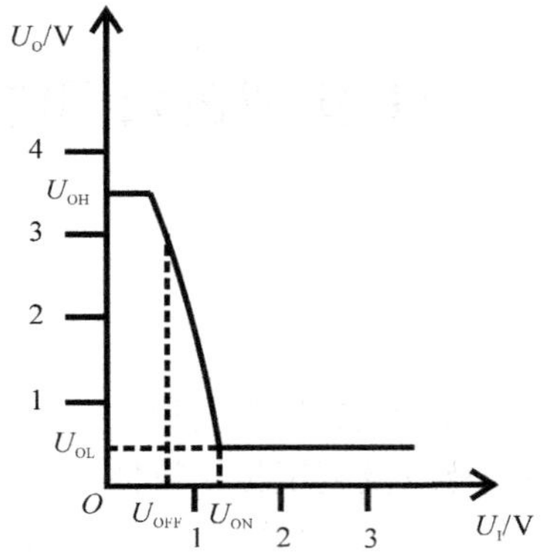

图 24-2　TTL 与非门的电压传输特征图

通过测绘电压传输特性可以具体了解元件的一些特性参数的情况，如输出高电平U_{OH}，输出低电平U_{OL}、关门电平U_{OFF}及开门电平U_{ON}等。在国产 TTL 与非门电路的参数规范中$U_{OH} \geqslant 2.4V$，$U_{OL} \geqslant 0.5V$，$U_{OFF} \geqslant 0.8V$，$U_{ON} \geqslant 1.8V$为合格。

三、实验设备与器件

（1）+5V 直流电源　　（2）逻辑电平开关

（3）逻辑电平显示器　　（4）直流数字电压表

（5）直流毫安表　　（6）直流微安表

（7）74LS00 两个，0～1k、0～10k 电位器各一个，200Ω 电阻器（0.5W）

四、TTL 集成电路使用注意事项

（1）接插集成块时，要认清定位标记，不得插反。

（2）电源电压使用范围为 4.5V～5.5V 之间，实验中要求使用$U_{CC}=+5V$。电源极性绝对不允许接错。

（3）闲置输入端处理方法。

①悬空，相当于正逻辑“1”，对于一般小规模集成电路的数据输入端，实验时允许悬空处理。但易受外界干扰，导致电路的逻辑功能不正常。因此，对于接有长线的输入端，中规模以上的集成电路和使用集成电路较多的复杂电路，所有控制输入端必须按逻辑要求接入电路，不允许悬空。

②直接接电源电压V_{CC}（也可以串联一个 1kΩ～10kΩ 的固定电阻）或接至某一固定电压（2.4V～4.5V）的电源上，或与输入端接地的多余与非门的输出端相接。

③如果前级驱动能力允许，可以与使用的输入端并联。

（4）输入端通过电阻接地，电阻值的大小将直接影响电路所处的状态。当 $R \leqslant 680\Omega$ 时，输入端相当于逻辑“0”；当 $R \geqslant 4.7\,k\Omega$ 时，输入端相当于逻辑“1”。对于不同系列的器件，要求的阻值不同。

（5）输出端不允许并联使用（集电极开路门 OC 和三态输出门电路 3S 除外）。否则不仅会使电路逻辑功能混乱，还会导致器件损坏。

（6）输出端不允许直接接地或直接接+5V 电源，否则将损坏器件，有时为了使后级电路获得较高的输出电平，允许输出端通过电阻 R 接至 V_{CC}，一般 R 选取范围为 3kΩ～5.1kΩ。

五、实验内容

（1）熟悉实验设备。

（2）测试与非门的电压传输特性。

按图 24-3 接线，调节 R_W 使 U_I 从 0 逐渐增加，测量 U_I 和 U_O 值，并将数据填入表 24-1 中。

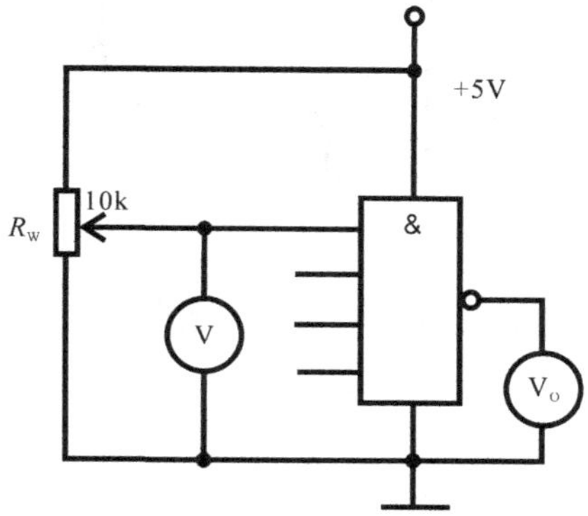

图 24-3　与非门的电压传输特性实验电路

表 24-1　与非门的电压传输特性实验结果

U_I / V	0					…							3.5
U_O / V						…							

（3）利用与非门实现不同的逻辑功能。

①图 24-4 为与非门实现与门的逻辑电路图，将输出状态填入表 24-2 中。

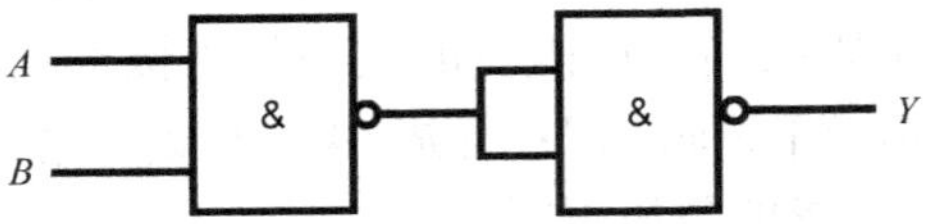

图 24-4　与门

表 24-2　与门状态表

A	B	Y
0	0	
0	1	
1	0	
1	1	

②图 24-5 为与非门实现或门的逻辑电路图，将输出状态填入表 24-3 中。

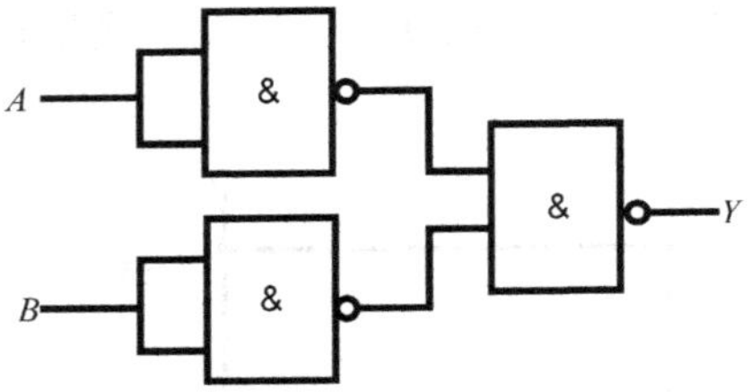

图 24-5　或门

表 24-3　或门状态表

A	B	Y
0	0	
0	1	
1	0	
1	1	

③图 24-6 为与非门实现非门的逻辑电路图，将输出状态填入表 24-4 中。

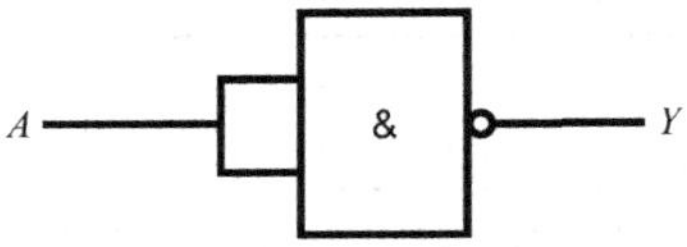

图 24-6　非门

表 24-4　非门状态表

A	Y
0	
1	

④图 24-7 为与非门实现半加器的逻辑电路图，将输出状态填入表 24-5 中。

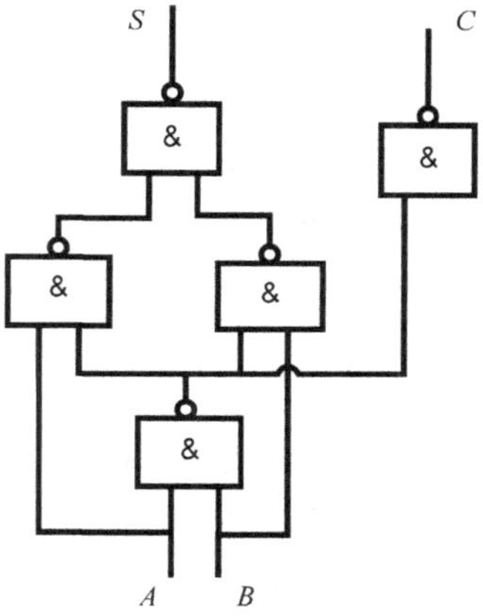

图 24-7　半加器

表 24-5　半加器状态表

A	B	S	C
0	0		
0	1		
1	0		
1	1		

六、思考题

1. 记录、整理实验结果，并对结果进行分析，验证其逻辑功能。
2. 画出实测的电压传输特性曲线，并从中读出各有关参数值。

实验二十五 触发器及其应用

一、实验目的

（1）掌握基本 RS、JK、D 和 T 触发器的逻辑功能。

（2）掌握集成触发器的逻辑功能及使用方法。

（3）熟悉触发器之间相互转换的方法。

二、实验原理

触发器具有两个稳定状态，用逻辑状态“1”和“0”表示，在一定的外界信号作用下，可以从一个稳定状态翻转到另一个稳定状态，他是一个具有记忆功能的二进制信息存贮器件，是构成各种时序电路最基本的逻辑单元。

1. 基本 RS 触发器

图 25-1 为由两个与非门交叉耦合构成的基本 RS 触发器，他是无时钟控制低电平直接触发的触发器。基本 RS 触发器具有置“0”、置“1”和“保持”三种功能。通常称$\bar{S}$为置“1”端，因为$\bar{S}=0$（$\bar{R}=1$）时触发器被置“1”；$\bar{R}$为置“0”端，因为$\bar{R}=0$（$\bar{S}=1$）时触发器被置“0”，当$\bar{S}=\bar{R}=1$时状态保持；$\bar{S}=\bar{R}=0$时，触发器状态不定，应避免此种情况发生，表 25-1 为基本 RS 触发器的功能表。

基本 RS 触发器。也可以用两个“或非门”组成，此时为高电平触发有效。

表 25-1 基本 RS 触发器功能表

输入		输出	
$\bar{S}$	$\bar{R}$	Q^{n+1}	$\bar{Q}^{n+1}$
0	1	1	0
1	0	0	1
1	1	Q^n	$\bar{Q}^n$
0	0	ϕ	ϕ

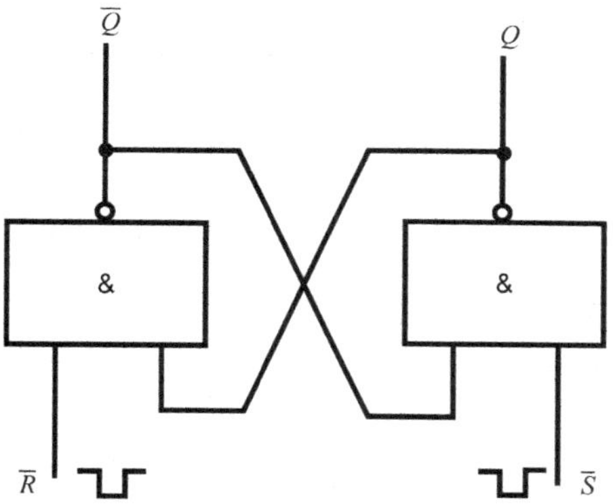

图 25-1　基本 RS 触发器

2. JK 触发器

在输入信号为双端的情况下，JK 触发器是功能完善、使用灵活和通用性较强的一种触发器。本实验采用 74LS112 双 JK 触发器，是下降边沿触发的边沿触发器。引脚功能及逻辑符号如图 25-2 所示。

JK 触发器的状态方程为

$$Q^{n+1} = J\bar{Q}^n + \bar{K}Q^n$$

J 和 K 是数据输入端，是触发器状态更新的依据，若 J 、K 有两个或两个以上输入端时，组成“与”的关系。Q 与 $\bar{Q}$ 为两个互补输出端。通常把 Q=0、$\bar{Q}$=1 的状态定为触发器“0”状态；而把 Q=1，$\bar{Q}$=0 定为“1”状态。

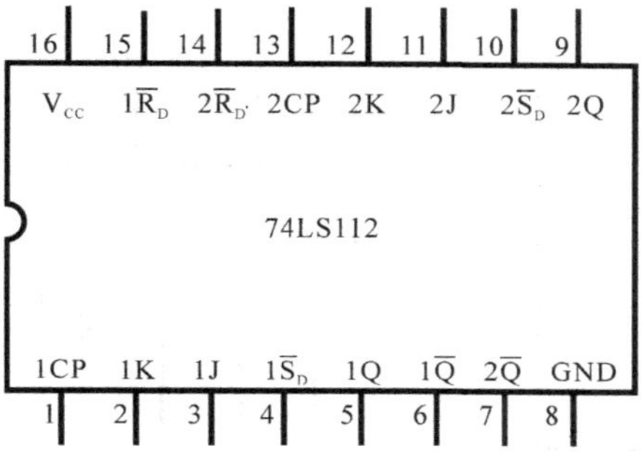

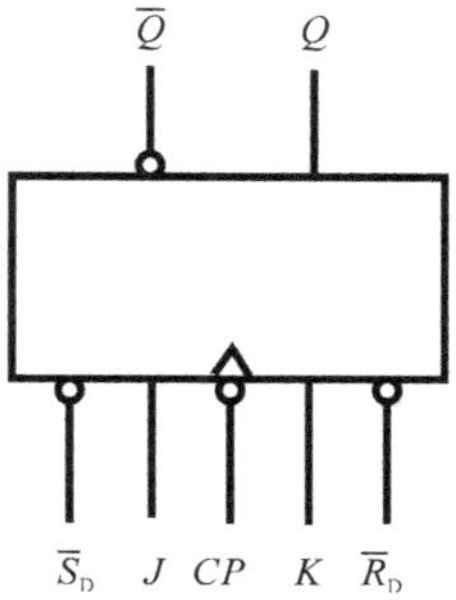

图 25-2　74LS112 双 JK 触发器引脚排列及逻辑符号

下降沿触发 JK 触发器的功能如表 25-2 所示。

表 25-2 JK 触发器的功能表

输入					输出	
$\bar{S}_D$	$\bar{R}_D$	CP	J	K	Q^{n+1}	$\bar{Q}^{n+1}$
0	1	×	×	×	1	0
1	0	×	×	×	0	1
0	0	×	×	×	ϕ	ϕ
1	1	↓	0	0	Q^n	$\bar{Q}^n$
1	1	↓	1	0	1	0
1	1	↓	0	1	0	1
1	1	↓	1	1	$\bar{Q}^n$	Q^n
1	1	↑	×	×	Q^n	$\bar{Q}^n$

注：×——任意态；↓——高到低电平跳变；↑——低到高电平跳变；Q^n（$\bar{Q}^n$）——现态；Q^{n+1}（$\bar{Q}^{n+1}$）——次态；φ——不定态。

JK 触发器常被用作缓冲存储器，移位寄存器和计数器。

3. D 触发器

在输入信号为单端的情况下，D 触发器用起来最为方便，其状态方程为 $Q^{n+1}=D^n$，其输出状态的更新发生在 CP 脉冲的上升沿，故又称为上升沿触发的边沿触发器，触发器的状态只取决于时钟到来前 D 端的状态。D 触发器的应用很广，可用作数字信号的寄存，移位寄存，分频和波形发生等。有很多种型号可供各种用途的需要选用。如双 D 74LS74、四 D 74LS175、六 D 74LS174 等。

图 25-3 为双 D 74LS74 的引脚排列及逻辑符号。功能如表 25-3 所示。

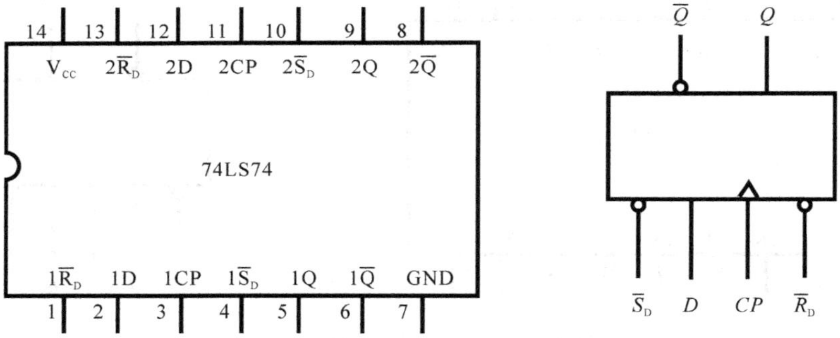

图 25-3 74LS74 引脚排列及逻辑符号

表 25-3　双 D74LS74 功能表

输入				输出	
$\bar{S}_D$	$\bar{R}_D$	CP	D	Q^{n+1}	$\bar{Q}^{n+1}$
0	1	×	×	1	0
1	0	×	×	0	1
0	0	×	×	ϕ	ϕ
1	1	↑	1	1	0
1	1	↑	0	0	1
1	1	↓	×	Q^n	$\bar{Q}^n$

4. 触发器之间的相互转换

在集成触发器的产品中，每一种触发器都有自己固定的逻辑功能。但可以利用转换的方法获得具有其他功能的触发器。例如，将 JK 触发器的 J、K 两端连在一起，并称他为 T 端，就得到所需的 T 触发器。如图 25-4（a）所示，其状态方程为：$Q^{n+1}=T\bar{Q}^n+\bar{T}Q^n$。

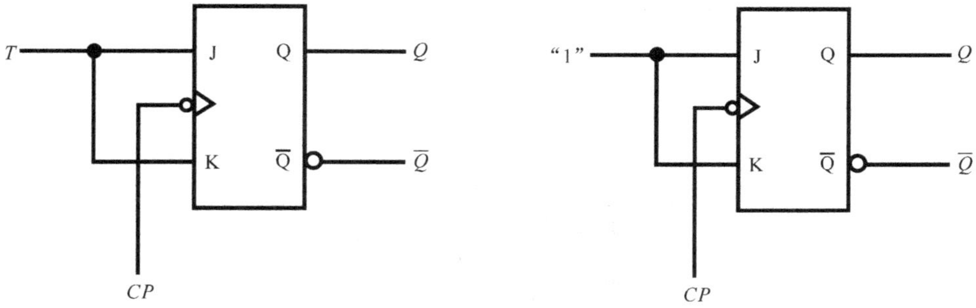

（a）T 触发器　　（b）T′ 触发器

图 25-4　JK 触发器转换为 T、T′ 触发器

T 触发器的功能如表 25-4 所示。

表 25-4　T 触发器功能表

输入				输出
$\bar{S}_D$	$\bar{R}_D$	CP	D	Q^{n+1}
0	1	×	×	1
1	0	×	×	0
1	1	↓	0	Q^n
1	1	↓	1	$\bar{Q}^n$

由功能表可见，当$T=0$时，时钟脉冲作用后，其状态保持不变；当$T=1$时，时钟脉冲作用后，触发器状态翻转。所以，将T触发器的T端置“1”，如图25-4（b）所示，即得T′触发器。在T′触发器的CP端每来一个CP脉冲信号，触发器的状态就翻转一次，故称之为反转触发器，广泛用于计数电路中。

同样，若将D触发器$\overline{Q}$端与D端相连，便转换成T′触发器。如图25-5所示。

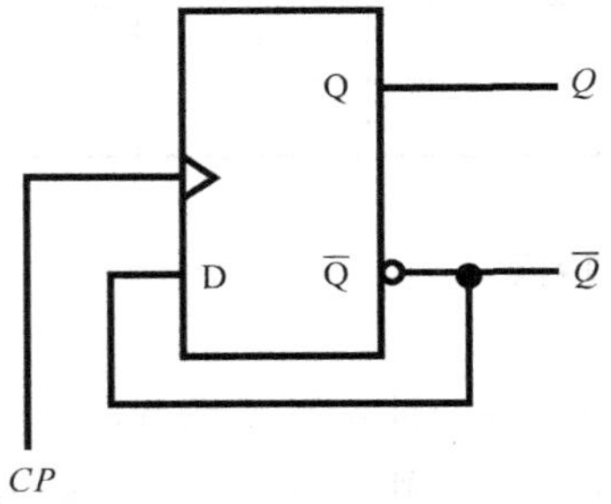

图25-5　D触发器转成T′触发器

JK触发器也可转换为D触发器，如图25-6所示。

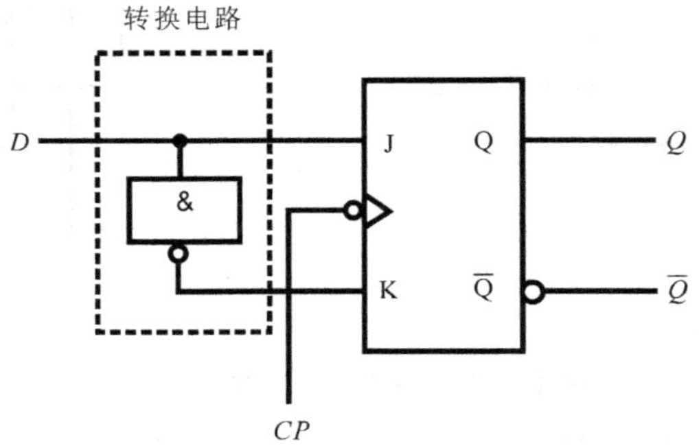

图25-6　JK触发器转成D触发器

5. CMOS触发器

1）CMOS边沿型D触发器

CC4013是由CMOS传输门构成的边沿型D触发器。他是上升沿触发的双D触发器，表25-5为其功能表，图25-7为引脚排列。

表 25-5　CC4013 功能表

输入				输出
S	R	CP	D	Q^{n+1}
1	0	×	×	1
0	1	×	×	0
1	1	×	×	ϕ
0	0	↑	1	1
0	0	↑	0	0
0	0	↓	×	Q^n

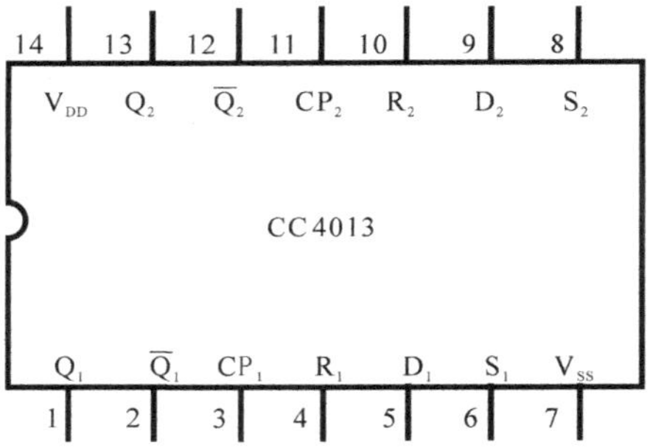

图 25-7　双上升沿 D 触发器的引脚排列

2）CMOS 边沿型 JK 触发器

CC4027 是由 CMOS 传输门构成的边沿型 JK 触发器，他是上升沿触发的双 JK 触发器，表 25-6 为其功能表，图 25-8 为引脚排列。

表 25-6　CC4027 功能表

输入					输出
S	R	CP	J	K	Q^{n+1}
1	0	×	×	×	1
0	1	×	×	×	0
1	1	×	×	×	ϕ
0	0	↑	0	0	Q^n
0	0	↑	1	0	1
0	0	↑	0	1	0
0	0	↑	1	1	$\bar{Q}^n$
0	0	↓	×	×	Q^n

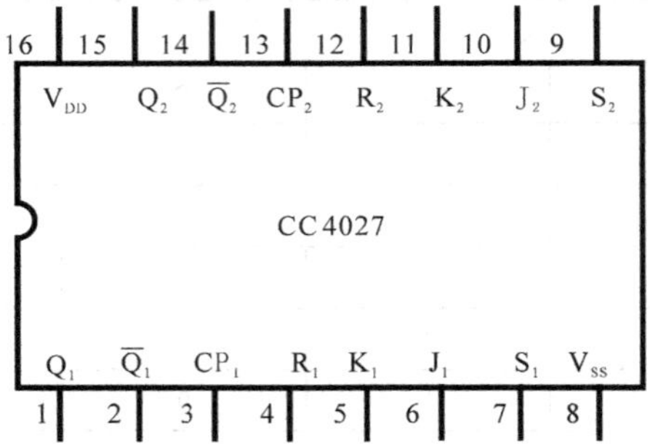

图 25-8 双上升沿 JK 触发器的引脚排列

CMOS 触发器的直接置位、复位输入端 S 和 R 是高电平有效，当 $S=1$（或 $R=1$）时，触发器将不受其他输入端所处状态的影响，使触发器直接接置 1（或置 0）。但直接置位、复位输入端 S 和 R 必须符合 $RS=0$ 的约束条件。CMOS 触发器在按逻辑功能工作时，S 和 R 必须置 0。

三、实验设备

实验设备如表 25-7 所示。

表 25-7 实验设备

序号	名称	型号	数量	备注
1	双踪示波器		1	自备
2	连续脉冲源		1	自备
3	单次脉冲源		1	自备
4	+5V 直流电源		1	
5	逻辑电平开关		1	
6	逻辑电平显示器		1	自备
7	芯片	74LS112（或 CC4027），74LS00（或 CC4011），74LS74（或 CC4013）	各 1	

四、实验内容

1. 测试基本 RS 触发器的逻辑功能

按图 25-1，用两个与非门组成基本 RS 触发器，输入端 $\overline{R}$ 、$\overline{S}$ 接逻辑开关的输出插口，输出端Q、$\bar{Q}$接逻辑电平显示输入插口，按表 25-8 要求测试并记录。

表 25-8　测试基本 RS 触发器的逻辑功能实验数据

$\bar{R}$	$\bar{S}$	Q	$\bar{Q}$
1	1→0		
	0→1		
1→0	1		
0→1			
0	0		

2. 测试双 JK 触发器 74LS112 逻辑功能

（1）测试$\bar{R}_D$、$\bar{S}_D$的复位、置位功能。

任取一只 JK 触发器，$\bar{R}_D$、$\bar{S}_D$、J、K端接逻辑开关输出插口，CP端接单次脉冲源，Q、$\bar{Q}$端接至逻辑电平显示输入插口。要求改变$\bar{R}_D$，$\bar{S}_D$（J、K、CP处于任意状态），并在$\bar{R}_D$=0（$\bar{S}_D$=1）或$\bar{S}_D$=0（$\bar{R}_D$=1）作用期间任意改变J、K及CP的状态，观察Q、$\bar{Q}$状态。自拟表并记录。

（2）测试 JK 触发器的逻辑功能。

按表 25-9 的要求改变J、K、CP端状态，观察Q、$\bar{Q}$状态变化，观察触发器状态更新是否发生在CP脉冲的下降沿（即CP由 1→0），并记录。

（3）将 JK 触发器的J、K端连在一起，构成 T 触发器。

在CP端输入 1Hz 连续脉冲，观察Q端的变化。

在CP端输入 1kHz 连续脉冲，用双踪示波器观察CP、Q、$\bar{Q}$端波形，注意相位关系，并描绘。

表 25-9　测试 JK 触发器的逻辑功能实验数据

J	K	CP	Q^{n+1}	
			$Q^n=0$	$Q^n=1$
0	0	0→1		
		1→0		
0	1	0→1		
		1→0		
1	0	0→1		
		1→0		
1	1	0→1		
		1→0		

3. 测试双 D 触发器 74LS74 的逻辑功能

（1）测试 $\overline{R}_D$ 、 $\overline{S}_D$ 的复位、置位功能。

测试方法同实验内容 2-（1），自拟表记录。

（2）测试 D 触发器的逻辑功能。

按表 25-10 要求进行测试，并观察触发器状态更新是否发生在 CP 脉冲的上升沿（即由 0→1），并记录。

表 25-10 测试 D 触发器逻辑功能的实验数据

D	CP	Q^{n+1}	
		$Q^n=0$	$Q^n=1$
0	0→1		
	1→0		
1	0→1		
	1→0		

（3）将 D 触发器的 $\overline{Q}$ 端与 D 端相连接，构成 T′ 触发器。

测试方法同实验内容 2-（3），并记录。

4. 双相时钟脉冲电路

用 JK 触发器及与非门构成的双相时钟脉冲电路如图 25-9 所示，此电路是用来将时钟脉冲 CP 转换成两相时钟脉冲 CP_A 及 CP_B ，其频率相同、相位不同。

分析电路工作原理，并按图 25-9 接线，用双踪示波器同时观察 CP 、 CP_A ， CP 、 CP_B 及 CP_A 、 CP_B 波形，并描绘。

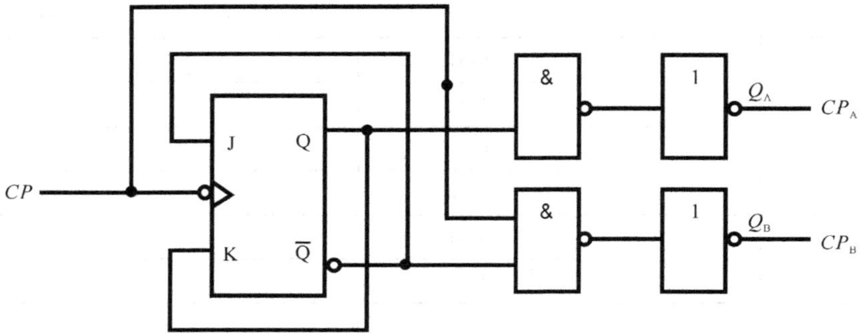

图 25-9 双相时钟脉冲电路

5. 乒乓球练习电路

电路功能要求：模拟二名运动员在练球时，乒乓球能往返运转。

提示：采用双 D 触发器 74LS74 设计实验线路，两个 *CP* 端触发脉冲分别由两名运动员操作，两触发器的输出状态用逻辑电平显示器显示。

五、思考题

1. 列表整理各类触发器的逻辑功能。
2. 观察波形，说明触发器的触发方式。
3. 了解触发器的应用。
4. 由普通的机械开关组成的数据开关所产生的信号是否可作为触发器的时钟脉冲信号？为什么？是否可以作为触发器的其他输入端的信号？为什么？

第三篇 综合设计

实验二十六 组合逻辑电路的设计与测试

一、实验目的

掌握组合逻辑电路的设计与测试方法。

二、实验原理

（1）使用中、小规模集成电路来设计组合电路是最常见的逻辑电路。设计组合电路的一般步骤如图 26-1 所示。

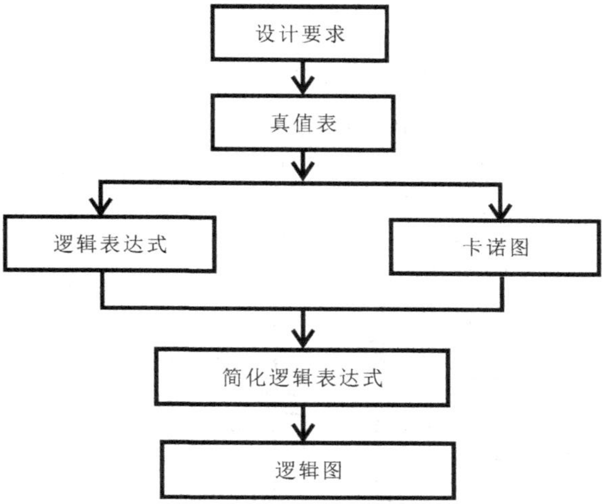

图 26-1 组合逻辑电路设计流程图

首先，根据设计任务的要求建立输入、输出变量，并列出真值表，然后，用逻辑代数或卡诺图化简法求出简化的逻辑表达式，并按实际选用逻辑门的类型修改逻辑表达式。根据简化后的逻辑表达式，画出逻辑图，用标准器件构成逻辑电路。最后，用实验来验证设计的正确性。

（2）组合逻辑电路设计举例。

用“与非”门设计一个表决电路。当四个输入端中有三个或四个为“1”时，输出端才为“1”。

设计步骤：根据题意列出真值表，如表 26-1 所示，再填入卡诺图表 26-2 中。

表 26-1　电路设计真值表

D	0	0	0	0	0	0	0	0	1	1	1	1	1	1	1	1
A	0	0	0	0	1	1	1	1	0	0	0	0	1	1	1	1
B	0	0	1	1	0	0	1	1	0	0	1	1	0	0	1	1
C	0	1	0	1	0	1	0	1	0	1	0	1	0	1	0	1
Z	0	0	0	0	0	0	0	1	0	0	0	1	0	1	1	1

表 26-2　表决电路设计卡诺图表

BC \ *DA*	00	01	11	10
00				
01			1	
11		1	1	1
10			1	

由卡诺图得出逻辑表达式，并演化成“与非”的形式，即

$$Z = ABC + BCD + ACD + ABD$$
$$= \overline{\overline{ABC} \cdot \overline{BCD} \cdot \overline{ACD} \cdot \overline{ABC}}$$

根据逻辑表达式画出用“与非门”构成的逻辑电路如图 26-2 所示。

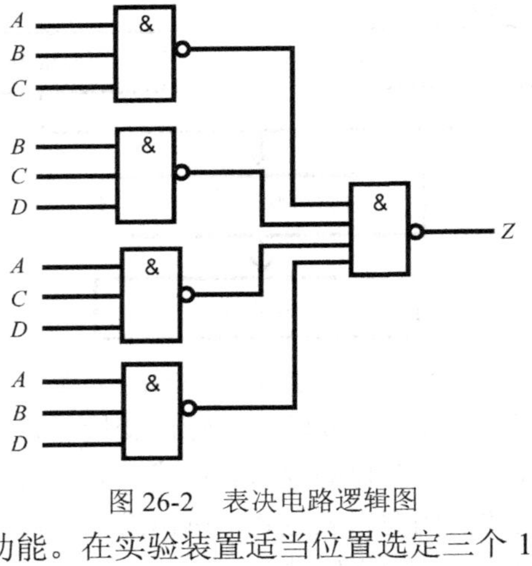

图 26-2　表决电路逻辑图

用实验验证逻辑功能。在实验装置适当位置选定三个 14P 插座，按照集成块定位标记插好集成块 CC4012。按图 26-2 接线，输入端 *A*、*B*、*C*、*D* 接至逻辑开关输出插口，输出端 *Z* 接逻辑电平显示输入插口，按真值表（自拟）要求，逐次改变输入变量，测量相应的输出值，验证逻辑功能，与表 26-1 进行比较，验证所设计的逻辑电路是否符合要求。

三、实验设备

实验设备如表 26-3 所示。

表 26-3　实验设备

序号	名称	型号	数量	备注
1	+5V 直流电源		1	自备
2	逻辑电平开关		1	自备
3	逻辑电平显示器		1	自备
4	直流数字电压表		1	自备
5	芯片	CC4011（74LS00）	2	自备
6	芯片	CC4012（74LS20）	3	自备
7	芯片	CC4030（74LS86）	1	自备
8	芯片	CC4081（74LS08）	1	自备
9	芯片	CC4085（74LS54）	2	自备
10	芯片	CC4001（74LS02）	1	自备

四、实验内容

（1）设计用与非门及用异或门、与门组成的半加器电路。

要求按本文所述的设计步骤进行，直到测试电路逻辑功能符合设计要求为止。

（2）设计一个一位全加器，要求用异或门、与门、或门组成。

（3）设计一位全加器，要求用与或非门实现。

（4）设计一个对两个两位无符号的二进制数进行比较的电路；根据第一个数是否大于、等于、小于第二个数，使相应的三个输出端中的一个输出为“1”，要求用与门、与非门及或非门实现。

五、思考题

1. 写出实验任务的设计过程，画出设计的电路图。
2. 对所设计的电路进行测试，并记录测试结果。
3. 总结设计组合电路的体会。

实验二十七 模拟运算电路的设计

一、实验目的

（1）掌握集成运算放大器组成比例、加法、减法等基本运算电路的方法。
（2）熟悉运算放大器的信号比较、波形变换等功能。

二、实验设备

实验设备如表 27-1 所示。

表 27-1 实验设备

名称	型号
直流稳压电源	双路
低频信号发生器	
示波器	双踪
集成运算放大器	
可调电阻器	
模拟电路实验箱	
电阻元件/Ω	6.2k、2.4k、9.1k、10k、100k、8.2k、15k、16k、1M、12k、1k、2k、3k、22k、4.3k、91、91k、510、5.1k、51k、470、4.7k、47k、36k、56k 等
电容元件	0.1μF、0.01μF 、0.33μF

三、预习要求

（1）复习有关集成运算放大器的基本知识。
（2）列出集成运算放大器的六种基本运算功能以及对应的运算关系式。

四、实验要求

（1）分别设计出实现如下各种功能的电路（注明元件个数），并进行实际测试，列表记录结果。

①$u_o = 11u_i$ $(u_i = 1V)$；

②$u_o = -10u_i$ $(u_i = 0.5V)$；

③$u_o = -(u_{i1} + u_{i2})$ $(u_{i1} = 2V;\ u_{i2} = 3V)$；

④$u_o = u_{i1} - u_{i2}$ $(u_{i1} = 1.5V;\ u_{i2} = 3V)$。

（2）设计出实现如下各种波形变换功能的电路，并用示波器观察u_o、u_i的波形。列表记录u_o与u_i对应波形。

①把输入的矩形波信号变换成三角波信号输出；

②把输入的矩形波信号变换成尖脉冲信号输出；

③把输入的正弦波信号变换成矩形波信号输出。

五、思考题

1. 集成运算放大器进行模拟运算时，应工作在其特性曲线的什么区域？
2. 集成运算放大器进行信号比较时，应工作在其特性曲线的什么区域？
3. 总结心得与体会。

实验二十八 用运算放大器组成万用电表的设计与调试

一、实验目的

（1）设计由运算放大器组成的万用电表。
（2）学会组装与调试万用电表。

二、实验设备

实验设备如表 28-1 所示。

表 28-1 实验设备

序号	名称	型号	数量
1	直流电压表	满量程 +6V	1
2	直流电流表	满量程 10mA	1
3	交流电压表	满量程 6V，50Hz～1kHz	1
4	交流电流表	满量程 10mA	1
5	欧姆表	满量程分别为 1kΩ，10kΩ，100kΩ	1

三、万用电表工作原理及参考电路

在测量中，电表的接入应不影响被测电路的工作状态，这就要求电压表应具有无穷大的输入电阻，电流表的内阻应为零。但实际上，万用电表表头的可动线圈总有一定的电阻，例如 100μA 的表头，其内阻约为 1kΩ，用他进行测量时易引起误差。此外，交流电表中整流二极管的压降和非线性特性也会产生误差。如果在万用电表中使用运算放大器，就能大大降低这些误差，提高测量精度。在欧姆表中使用运算放大器，不仅能得到线性刻度，还能实现自动调零。

1. 直流电压表

图 28-1 为同相端输入，高精度直流电压表电原理图。

为了减小表头参数对测量精度的影响，将表头置于运算放大器的反馈回路中，这时流经表头的电流与表头的参数无关，只要改变 R_1 阻值，就可进行量程的切换。

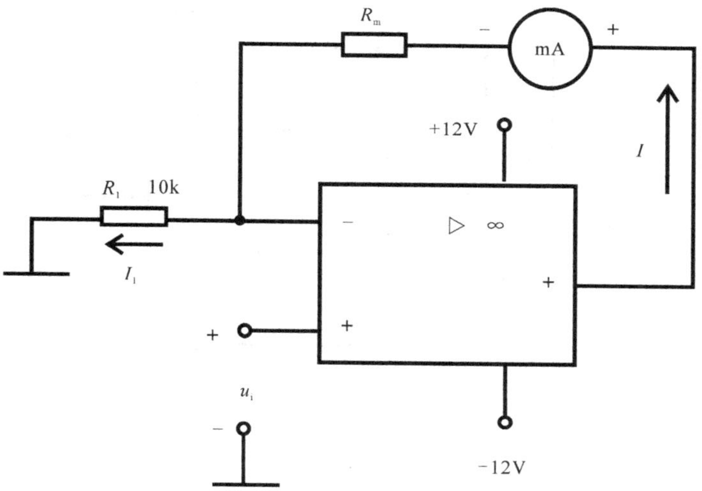

图 28-1　直流电压表

表头电流 I 与被测电压 u_i 的关系为

$$I = \frac{U_i}{R_1}$$

图 28-1 适用于测量电路与运算放大器共地的有关电路。此外，当被测电压较高时，在运放的输入端应设置衰减器。

2. 直流电流表

图 28-2 是浮地直流电流表的电原理图。在电流测量中，浮地电流的测量是普遍存在的，被测电流无接地点就属于这种情况。为此，应把运算放大器的电源也对地浮动，按此种方式构成的电流表就可像常规电流表那样，串联在任何电流通路中测量电流。

表头电流 I 与被测电流 I_1 间关系为

$$-I_1R_1 = (I_1 - I)R_2$$

所以

$$I = \left(1 + \frac{R_1}{R_2}\right)I_1$$

因此，改变电阻比（R_1 / R_2），可调节流过电流表的电流，以提高灵敏度。如果被测电流较大时，应给电流表表头并联分流电阻。

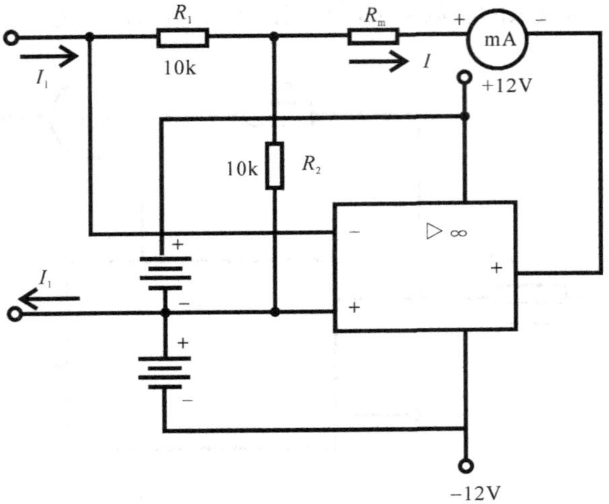

图 28-2　直流电流表

3. 交流电压表

由运算放大器、二极管整流桥和直流毫安表组成的交流电压表如图28-3所示。被测交流电压u_i加到运算放大器的同相端，故有很高的输入阻抗，又因为负反馈能减小反馈回路中的非线性影响，故把二极管桥路和表头置于运算放大器的反馈回路中，以减小二极管本身非线性的影响。

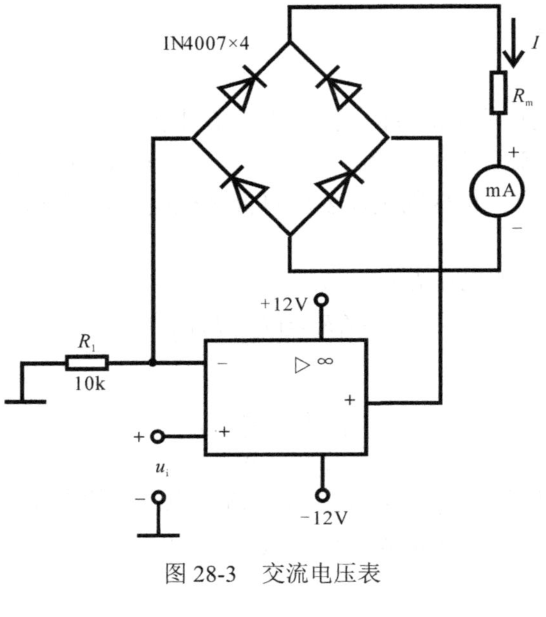

图 28-3　交流电压表

表头电流 I 与被测电压 u_i 的关系为

$$I=\frac{U_i}{R_1}$$

电流 I 全部流过桥路，其值仅与 U_i/R_1 有关，与桥路和表头参数（如二极管的死区等非线性参数）无关。表头中电流与被测电压 u_i 的全波整流平均值成正比，若 u_i 为正弦波，则表头可按有效值来刻度。被测电压的上限频率取决于运算放大器的频带和上升速率。

4. 交流电流表

图 28-4 为浮地交流电流表。

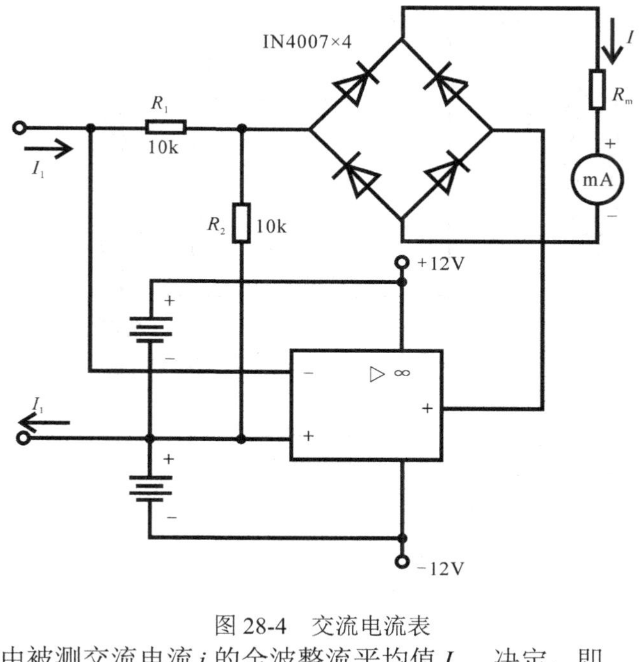

图 28-4　交流电流表

表头读数由被测交流电流 i 的全波整流平均值 I_{1AV} 决定，即

$$I=\left(1+\frac{R_1}{R_2}\right)I_{1AV}$$

如果被测电流 i 为正弦电流，即

$$i_1=\sqrt{2}I_1\sin\omega t$$

上式可写为

$$I = 0.9\left(1 + \frac{R_1}{R_2}\right)I_1$$

则表头可按有效值来刻度。

5. 欧姆表

图 28-5 为多量程的欧姆表。

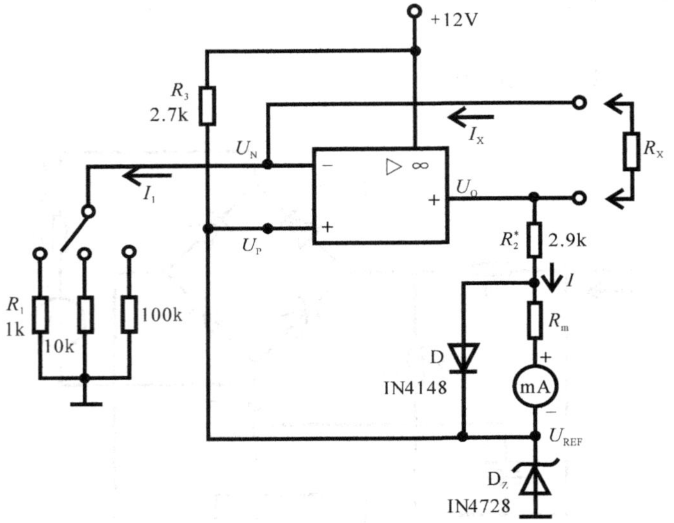

图 28-5　欧姆表

在此电路中，运算放大器改由单电源供电，被测电阻 R_X 跨接在运算放大器的反馈回路中，同相端加基准电压 U_{REF}。

$$U_P = U_N = U_{REF}$$

$$I_1 = I_X$$

$$\frac{U_{REF}}{R_1} = \frac{U_O - U_{REF}}{R_X}$$

即

$$R_X = \frac{R_1}{U_{REF}}(U_O - U_{REF})$$

流经表头的电流：

$$I = \frac{U_O - U_{REF}}{R_2 + R_m}$$

由上两式消去可得

$$I=\frac{U_{\mathrm{REF}}R_{\mathrm{X}}}{R_1\left(R_{\mathrm{m}}+R_2\right)}$$

因此，电流I与被测电阻成正比，而且表头具有线性刻度，改变R_1值，即可改变欧姆表的量程。当$R_{\mathrm{X}}=0$时，电路变成电压跟随器，$U_{\mathrm{O}}=U_{\mathrm{REF}}$，故表头电流为零，从而实现了自动调零。

二极管 D 起保护电表的作用。如果没有二极管 D，当R_{X}超量程时，特别是当$R_{\mathrm{X}}\to\infty$，运算放大器的输出电压将接近电源电压，使表头过载。有了二极管 D 就可使输出钳位，防止表头过载。调整R_2，可实现满量程调节。

四、电路设计

（1）万用电表的电路是多种多样的，建议用参考电路设计一只较完整的万用电表。

（2）万用电表作电压、电流或欧姆测量时，和进行量程切换时应用开关切换，但实验时可用引接线切换。

五、实验元器件选择

实验元器件如表 28-2 所示。

表 28-2　实验元器件

序号	名称	型号	数量
1	表头	灵敏度为 1mA，内阻为 100Ω	1
2	运算放大器	μA741	1
3	电阻器	0.25W 的金属膜电阻器	若干
4	二极管	IN4007	4
5	二极管	IN4148	1
6	稳压管	IN4728	1

六、注意事项

（1）在连接电源时，正、负电源连接点上各接大容量的滤波电容器和 0.01μF～0.1μF 的小电容器，以消除通过电源产生的干扰。

（2）万用电表的电性能测试要用标准电压、电流表校正，欧姆表用标准电阻校正。考虑实验要求不高，建议用数字式四位半位万用电表作为标准表。

七、思考题

1. 绘制完整的万用电表的设计电路原理图。

2. 将万用电表与标准表进行测试比较，计算万用电表各功能挡的相对误差，分析误差产生的原因。

3. 讨论改进电路的建议。

4. 总结心得与体会。

实验二十九　继电接触器控制电路的设计

一、实验目的

（1）了解交流接触器、热继电器和按钮的结构及其在控制电路中的应用。
（2）学习异步电动机基本控制电路的连接方法。
（3）学会设计异步电动机的正、反转控制和顺序控制电路。

二、实验设备

实验室提供以下设备：
三相异步电动机；
继电接触器；
热继电器；
按钮等其他设备。

三、预习要求

（1）复习继电接触器控制电路的基本原理。
（2）复习自锁和互锁的作用。
（3）复习顺序控制原理。

四、实验要求

（1）设计出三相异步电工机的正、反转控制的主电路和控制电路。要求电路具有短路、过载、欠压保护的功能。工作照明灯的参数是36V，40W。

（2）设计出两台电动机M1、M2实现顺序控制的主电路和控制电路。要求M1启动后M2才能启动，且M2可单独停车。另M1转动后指示灯红灯亮，M2转动后指示灯绿灯亮。

（3）机床主轴由一台鼠笼式电机带动，润滑油泵由另一台鼠笼式电机带动。

要求：

①主轴必须在油泵开动后才能开动。

②主轴要求能用电器实现正、反转，并能单独停车。

③有短路、零压和过载保护。

试设计出满足上述要求的两台电动机的主电路和控制电路图，并选用相应的电器元件。

以上三种设计方案各专业根据不同学时选择设计，实施具体接线线路并操作。

五、思考题

1. 实验过程中是否出现故障？是什么性质的故障，是如何检查和排除的？
2. 总结心得和体会。

实验三十　三相异步电动机的自动控制

一、实验目的

学会独立设计一个电工装置。

二、实验课题

假设工作下现场有三台三相交流异步电动机，分别为A、B、C。

工艺要求：

（1）A机开动，B机必须开动。

（2）B机开动，C机必须开动。

如果不满足要求，则必须发出音响或光报警。

三、实验要求

（1）在写出报警信号逻辑式的基础上，将其化简成统一用与非门组成的逻辑电路。

（2）设计一个实用的逻辑报警装置。

（3）设计电机的电气控制回路和主回路图。

（4）提出构成该项装置所需元件、设备、仪器等。

（5）要求数秒后该装置能对工艺要求中的（1）或（2）自动排除故障（即启动相应电机），从而满足工艺要求，试设计出该电路。（选做）

第四篇

附　录

附录 A 74 系列芯片中文解释

74LS 是 TTL 电路的一个系列，TTL 电路以双极型晶体管为开关元件，所以又称双极型（电子和空穴）集成电路。

74HC 是 CMOS 电路，CMOS 电路是 MOS 电路中的主导产品。MOS 电路以绝缘栅场效应晶体管为开关元件，所以又称单极型集成电路。按其导电沟道的类型，MOS 电路可分为 PMOS、NMOS 和 CMOS 电路。CMOS 电路沿着 4000A-4000B/4500B（统一称为 4000B）-74HC-74HCT 系列高速发展。HCT 系列还同 TTL 电平兼容，扩大了应用范围。CD 代表标准的 4000 系列 CMOS 电路，我国生产的 CMOS 电路系列为“CC4000B”，其性能如下。

TTL 工作电压范围为±5V；CMOS 为 3～18V。

频率特性：标准 TTL 电路在 5MHz 以下；一般 COMS 在 100kHz 以下。

速度-功耗积：（在 100kHz 时，单位为 PJ）标准 TTL 电路为 100；标准 CMOS 为 11。

最小输出的驱动电流（单位 mA，输出低电平 0.4V）标准输出：标准 TTL 系列为 16；标准 COMS 中 4000 系列为 16，74 系列为 4。

大电流输出：标准 TTL 为 48V；标准 COMS 中 4000 为 16，74 系列为 6。

扇出能力：标准 TTL 为 40（大电流输出为 120）；标准 COMS 中 4000 系列为 4，74 系列为 10（大电流输出为 4，15）。

最大输入电流（单位 mA，输出低电平 4V）：标准 TTL 系列为–1.6；COMS 中 4000 系列为±0.001，74 系列为–0.001）。

输入阻抗：TTL 为 5MΩ；COMS 可达 10MΩ。

常用 74 系列电路名称及功能如表 A-1 所示。

表 A-1 常用 74 系列电路名称及功能

名称	类型	功能描述
74LS00	TTL	双输入端四与非门
74LS01	TTL	集电极开路双输入端四与非门
74LS02	TTL	双输入端四或非门
74LS03	TTL	集电极开路双输入端四与非门
74LS04	TTL	六反相器
74LS05	TTL	集电极开路六反相器

续表

名称	类型	功能描述
74LS06	TTL	集电极开路六反相高压驱动器
74LS07	TTL	集电极开路六正相高压驱动器
74LS08	TTL	双输入端四与门
74LS09	TTL	集电极开路双输入端四与门
74LS10	TTL	三输入端三与非门
74LS107	TTL	带清除主从双 JK 触发器
74LS109	TTL	带预置清除正触发双 JK 触发器
74LS11	TTL	三输入端三与门
74LS112	TTL	带预置清除负触发双 JK 触发器
74LS12	TTL	开路输出三输入端三与非门
74LS121	TTL	单稳态多谐振荡器
74LS122	TTL	可再触发单稳态多谐振荡器
74LS123	TTL	双可再触发单稳态多谐振荡器
74LS125	TTL	三态输出高有效四总线缓冲门
74LS126	TTL	三态输出低有效四总线缓冲门
74LS13	TTL	四输入端双与非施密特触发器
74LS132	TTL	双输入端四与非施密特触发器
74LS133	TTL	十三输入端与非门
74LS136	TTL	四异或门
74LS138	TTL	3-8 线译码器/复工器
74LS139	TTL	双 2-4 线译码器/复工器
74LS14	TTL	六反相施密特触发器
74LS145	TTL	BCD-十进制译码/驱动器
74LS15	TTL	开路输出三输入端三与门
74LS150	TTL	16 选 1 数据选择/多路开关
74LS151	TTL	8 选 1 数据选择器
74LS153	TTL	双 4 选 1 数据选择器
74LS154	TTL	4-16 线译码器
74LS155	TTL	图腾柱输出译码器/分配器
74LS156	TTL	开路输出译码器/分配器
74LS157	TTL	同相输出四 2 选 1 数据选择器
74LS158	TTL	反相输出四 2 选 1 数据选择器

续表

名称	类型	功能描述
74LS16	TTL	开路输出六反相缓冲/驱动器
74LS160	TTL	可预置 BCD 异步清除计数器
74LS161	TTL	可预制四位二进制异步清除计数器
74LS162	TTL	可预置 BCD 同步清除计数器
74LS163	TTL	可预制四位二进制同步清除计数器
74LS164	TTL	八位串行入/并行输出移位寄存器
74LS165	TTL	八位并行入/串行输出移位寄存器
74LS166	TTL	八位并入/串出移位寄存器
74LS169	TTL	二进制四位加/减同步计数器
74LS17	TTL	开路输出六同相缓冲/驱动器
74LS170	TTL	开路输出四乘四寄存器堆
74LS173	TTL	三态输出四位 D 型寄存器
74LS174	TTL	带公共时钟和复位六 D 触发器
74LS175	TTL	带公共时钟和复位四 D 触发器
74LS180	TTL	九位奇数/偶数发生器/校验器
74LS181	TTL	算术逻辑单元/函数发生器
74LS185	TTL	二进制-BCD 代码转换器
74LS190	TTL	BCD 同步加/减计数器
74LS191	TTL	二进制同步可逆计数器
74LS192	TTL	可预置 BCD 双时钟可逆计数器
74LS193	TTL	可预置四位二进制双时钟可逆计数器
74LS194	TTL	四位双向通用移位寄存器
74LS195	TTL	四位并行通道移位寄存器
74LS196	TTL	十进制/二-十进制可预置计数锁存器
74LS197	TTL	二进制可预置锁存器/计数器
74LS20	TTL	四输入端双与非门
74LS21	TTL	四输入端双与门
74LS22	TTL	开路输出四输入端双与非门
74LS221	TTL	双/单稳态多谐振荡器
74LS240	TTL	八反相三态缓冲器/线驱动器
74LS241	TTL	八同相三态缓冲器/线驱动器
74LS243	TTL	四同相三态总线收发器

续表

名称	类型	功能描述
74LS244	TTL	八同相三态缓冲器/线驱动器
74LS245	TTL	八同相三态总线收发器
74LS247	TTL	BCD-七段 15V 输出译码/驱动器
74LS248	TTL	BCD-七段译码/升压输出驱动器
74LS249	TTL	BCD-七段译码/开路输出驱动器
74LS251	TTL	三态输出 8 选 1 数据选择器/复工器
74LS253	TTL	三态输出双 4 选 1 数据选择器/复工器
74LS256	TTL	双四位可寻址锁存器
74LS257	TTL	三态原码四 2 选 1 数据选择器/复工器
74LS258	TTL	三态反码四 2 选 1 数据选择器/复工器
74LS259	TTL	八位可寻址锁存器/3-8 线译码器
74LS26	TTL	双输入端高压接口四与非门
74LS260	TTL	五输入端双或非门
74LS266	TTL	双输入端四异或非门
74LS27	TTL	三输入端三或非门
74LS273	TTL	带公共时钟复位八 D 触发器
74LS279	TTL	四图腾柱输出 S-R 锁存器
74LS28	TTL	双输入端四或非门缓冲器
74LS283	TTL	四位二进制全加器
74LS290	TTL	二/五分频十进制计数器
74LS293	TTL	二/八分频四位二进制计数器
74LS295	TTL	四位双向通用移位寄存器
74LS298	TTL	四双输入多路带存贮开关
74LS299	TTL	三态输出八位通用移位寄存器
74LS30	TTL	八输入端与非门
74LS32	TTL	双输入端四或门
74LS322	TTL	带符号扩展端八位移位寄存器
74LS323	TTL	三态输出八位双向移位/存贮寄存器
74LS33	TTL	开路输出双输入端四或非缓冲器
74LS347	TTL	BCD-七段译码器/驱动器
74LS352	TTL	双 4 选 1 数据选择器/复工器
74LS353	TTL	三态输出双 4 选 1 数据选择器/复工器

续表

名称	类型	功能描述
74LS365	TTL	门使能输入三态输出六同相线驱动器
74LS365	TTL	门使能输入三态输出六同相线驱动器
74LS366	TTL	门使能输入三态输出六反相线驱动器
74LS367	TTL	四/二线使能输入三态六同相线驱动器
74LS368	TTL	四/二线使能输入三态六反相线驱动器
74LS37	TTL	开路输出双输入端四与非缓冲器
74LS373	TTL	三态同相八 D 锁存器
74LS374	TTL	三态反相八 D 锁存器
74LS375	TTL	四位双稳态锁存器
74LS377	TTL	单边输出公共使能八 D 锁存器
74LS378	TTL	单边输出公共使能六 D 锁存器
74LS379	TTL	双边输出公共使能四 D 锁存器
74LS38	TTL	开路输出双输入端四与非缓冲器
74LS380	TTL	多功能八进制寄存器
74LS39	TTL	开路输出双输入端四与非缓冲器
74LS390	TTL	双十进制计数器
74LS393	TTL	双四位二进制计数器
74LS40	TTL	四输入端双与非缓冲器
74LS42	TTL	BCD-十进制代码转换器
74LS352	TTL	双 4 选 1 数据选择器/复工器
74LS353	TTL	三态输出双 4 选 1 数据选择器/复工器
74LS365	TTL	门使能输入三态输出六同相线驱动器
74LS366	TTL	门使能输入三态输出六反相线驱动器
74LS367	TTL	四/二线使能输入三态六同相线驱动器
74LS368	TTL	四/二线使能输入三态六反相线驱动器
74LS37	TTL	开路输出双输入端四与非缓冲器
74LS373	TTL	三态同相八 D 锁存器
74LS374	TTL	三态反相八 D 锁存器
74LS375	TTL	四位双稳态锁存器
74LS377	TTL	单边输出公共使能八 D 锁存器
74LS378	TTL	单边输出公共使能六 D 锁存器
74LS379	TTL	双边输出公共使能四 D 锁存器

续表

名称	类型	功能描述
74LS38	TTL	开路输出双输入端四与非缓冲器
74LS380	TTL	多功能八进制寄存器
74LS39	TTL	开路输出双输入端四与非缓冲器
74LS390	TTL	双十进制计数器
74LS393	TTL	双四位二进制计数器
74LS40	TTL	四输入端双与非缓冲器
74LS42	TTL	BCD-十进制代码转换器
74LS447	TTL	BCD-七段译码器/驱动器
74LS45	TTL	BCD-十进制代码转换/驱动器
74LS450	TTL	16∶1 多路转接复用器多工器
74LS451	TTL	双 8∶1 多路转接复用器多工器
74LS453	TTL	四 4∶1 多路转接复用器多工器
74LS46	TTL	BCD-七段低有效译码/驱动器
74LS460	TTL	十位比较器
74LS461	TTL	八进制计数器
74LS465	TTL	三态同相双与使能端八总线缓冲器
74LS466	TTL	三态反相双与使能八总线缓冲器
74LS467	TTL	三态同相双使能端八总线缓冲器
74LS468	TTL	三态反相双使能端八总线缓冲器
74LS469	TTL	八位双向计数器
74LS47	TTL	BCD-七段高有效译码/驱动器
74LS48	TTL	BCD-七段译码器/内部上拉输出驱动
74LS490	TTL	双十进制计数器
74LS491	TTL	十位计数器
74LS498	TTL	八进制移位寄存器
74LS50	TTL	2-3/2-2 输入端双与或非门
74LS502	TTL	八位逐次逼近寄存器
74LS503	TTL	八位逐次逼近寄存器
74LS51	TTL	2-3/2-2 输入端双与或非门
74LS533	TTL	三态反相八 D 锁存器
74LS534	TTL	三态反相八 D 锁存器
74LS54	TTL	四路输入与或非门

续表

名称	类型	功能描述
74LS540	TTL	八位三态反相输出总线缓冲器
74LS55	TTL	四输入端双路输入与或非门
74LS563	TTL	八位三态反相输出触发器
74LS564	TTL	八位三态反相输出 D 触发器
74LS573	TTL	八位三态输出触发器
74LS574	TTL	八位三态输出 D 触发器
74LS645	TTL	三态输出八同相总线传送接收器
74LS670	TTL	三态输出四乘四寄存器堆
74LS73	TTL	带清除负触发双 JK 触发器
74LS74	TTL	带置位复位正触发双 D 触发器
74LS76	TTL	带预置清除双 JK 触发器
74LS83	TTL	四位二进制快速进位全加器
74LS85	TTL	四位数字比较器
74LS86	TTL	双输入端四异或门
74LS90	TTL	二/五分频十进制计数器
74LS93	TTL	二/八分频二进制计数器
74LS95	TTL	四位并行输入/输出移位寄存器
74LS97	TTL	六位同步二进制乘法器

附录 B　集成电路简介

集成电路是一种采用特殊工艺，将晶体管、电阻、电容等元件集成在硅基片上而形成的具有一定功能的器件，英文缩写为 IC，俗称芯片。集成电路是 20 世纪 60 年代出现的，当时只集成了十几个元器件。

集成电路根据不同的功能用途分为模拟和数字两大派别，其具体功能数不胜数，应用遍及人类生活的方方面面。集成电路根据内部的集成度分为大规模、中规模、小规模三类。其封装又有许多形式，“双列直插”和“单列直插”最为常见。消费类电子产品中用软封装的 IC，精密产品中用贴片封装的 IC。

对于 CMOS 型 IC，特别要注意防止静电击穿 IC，最好也不要用未接地的电烙铁焊接。使用 IC 也要注意其参数，如工作电压，散热等。数字 IC 多用＋5V 的工作电压，模拟 IC 工作电压各异。集成电路有各种型号，其命名也有一定规律。一般是由前缀、数字编号、后缀组成。前缀表示集成电路的生产厂家及类别，后缀一般用来表示集成电路的封装形式、版本代号等。常用的集成电路如小功率音频放大器 LM386 就因为后缀不同而有许多种。LM386N 是美国国家半导体公司的产品，LM 代表线性电路，N 代表塑料双列直插。

集成电路型号众多，随着技术的发展，又有更多的功能更强、集成度更高的集成电路涌现，为电子产品的生产制作带来了便利。在设计制作时，若没有专用的集成电路可以应用，就应该尽量选用应用广泛的通用集成电路，同时考虑集成电路的价格和制作的复杂度。在电子制作中，有许多常用的集成电路，如 NE555（时基电路）、LM324（四个集成的运算放大器）、TDA2822（双声道小功率放大器）、KD9300（单曲音乐集成电路）、LM317（三端可调稳压器）等。

数字电路实验中所用到的集成芯片都是双列直插式的，其引脚排列规则如图 B-1 所示。识别方法是：正对集成电路型号（如 74LS54）或看标记（左边的缺口或小圆点标记），从左下角开始按逆时针方向以 1，2，3，…依次排列到最后一脚（在左上角）。在标准形 TTL 集成电路中，电源端 V_{CC} 一般排在左上端，接地端 GND 一般排在右下端。如 74LS54 为 14 引脚芯片，第 14 引脚为 V_{CC}，第 7 引脚为 GND。若集成芯片引脚上的功能标号为 NC 或者无标注，则表示该引脚为空，与内部电路不连接。

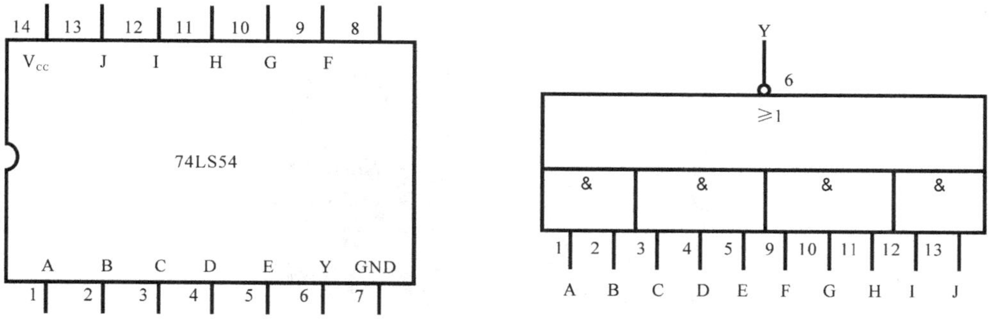

（a）引脚排列　　（b）逻辑图

图 B-1　四路二三三二输入与或非门 74LS54

74LS54 逻辑表达式为

$$Y = \overline{A \cdot B + C \cdot D \cdot E + F \cdot G \cdot H + I \cdot J}$$

集成电路的封装形式很多，下面是目前市面上比较常用的集中封装形式。

（1）标准的双列直插集成电路，如 NE555，见图 B-2。

图 B-2　NE555

（2）标准的单列直插集成电路，如 UPC1031H2，见图 B-3。

图 B-3　UPC1031H2Z

（3）软封装集成电路，如图 B-4 所示。

图 B-4　软封装集成电路

（4）SOP 贴片封装集成电路，如图 B-5 所示的 74HC573D。

图 B-5　74HC573D

附录 C　DGJ-3 型电工技术实验装置使用说明

一、概述

DGJ-3 型电工技术实验装置是根据我国目前“电路基础”、“电工学”等教学大纲和实验大纲的要求，广泛吸收各高等院校从事该课程教学、实验教学教师的建议，并综合了国内各类实验装置的特点而设计的最新产品，全套设备能满足本学校“电路基础”、“电工学”等课程的实验要求。

本装置由实验屏、实验桌和若干实验组件挂箱等组成。

二、实验屏操作、使用说明

实验屏为铁质喷塑结构，铝质面板。屏上固定装置着交流电源的启动控制装置、三相电源电压指示切换装置、低压直流稳压电源、恒流源、受控源、定时和报警记录仪、多功能数控智能函数信号发生器和各类测量仪表等。

1. 流电源的启动

（1）实验屏左后侧有一根三相四芯电源线（已接好三相四芯插头），接好机壳接地线，然后将三相四芯接通 380V 交流市电。

（2）将左侧面的三相自耦调压器的旋转手柄，按逆时针方向旋至零位。

（3）将三相电压表指示切换开关置于左侧（三相电源输入电压）。

（4）开启钥匙式三相电源总开关，停止按钮灯亮（红色），三只电压表（0~450V）指示出输入的三相电源线电压之值。

（5）按下启动按钮（绿色），红色按钮灯灭，绿色按钮灯亮，同时可听到屏内交流接触器瞬间吸合的声音，面板 U1、V1 和 W1 上的黄、绿、红三个 LED 指示灯亮，实验屏启动完毕，实验屏左侧面单相二芯 220V 电源插座处、三相四芯 380V 电源插座处及右侧面的单相三芯 220V 电源插座处均有相应的交流电压输出。

2. 三相可调交流电源输出电压的调节

（1）将三相“电源指示切换”开关置于右侧（三相调压输出），三只电压表指针回到零位。

（2）按顺时针方向缓缓旋转三相自耦调压器的旋转手柄，三只电压表指针将随之偏转，指示出三相可调电压输出 U、V、W 两两之间的线电压之值，直至调节到某实验内容所需的电压值。实验完毕，将旋柄调回零位。并将“电源指示切换”开关拨至左侧。

（3）本电源设有过电流自动保护功能，当过流时切断总电源，并发出告警信号，按复位键后，方可重新启动。

3. 用于照明和实验的日光灯的使用

本实验装置上有两个 30W 日光灯管，分别供照明和实验使用。照明用的日光灯管通过单刀双掷手动开关进行切换，当开关拨至上方时，日光灯管亮起；当开关拨至下方时，日光灯管熄灭。实验用的日光灯管的四个引出线及镇流器、启辉器、电容等元件供相应实验使用。

4. 低压直流稳压、恒流电源输出与调节

开启直流稳压电源带灯开关，两路输出插孔均有电压输出。

（1）将“电压指示切换”开关拨至左侧，直流指针式电压表（量程为 30V）指示出 UA 口的电压值（取决于“输出选择”开关的位置）；将此开关拨至右侧，则电压表指示出 UB 口的电压值。

（2）调节“输出粗调”波段开关和“输出细调”多圈电位器旋钮，可平滑地调节输出电压，调节范围为 0~30V，分三挡量程切换，额定电流为 1A。

（3）两路输出均设有软截止保护功能。（电压源输出端不能短接）

（4）恒流源的输出与调节。将负载接至恒流源输出两端，开启恒流源开关，指针式毫安表立即指示出恒电流之值，调节“输出粗调”波段开关和“输出细调”多圈电位器旋钮，可在三个量程内（2mA、20mA、200mA）连续调节输出的恒流电流值。

注意：本恒流源虽有开路保护功能，但不应长期处于输出开路状态。

5. 定时与报警记录仪

（1）定时器与报警记录仪是专门为学生实验考核而设置。可以调整考核时间，到达定时时间可自动断开电源，保证考核时间的准确性。可累计操作过程中的报警次数，以考查学生实际操作能力和实验质量。

（2）报警器的报警功能分为电流、电压表的超量程报警，内电路漏电报警，高压电源的过流、过压报警三部分。显示的报警次数即三项报警次数的累加。

（3）操作步骤：

①打开钥匙开关，报警器开始计时。

②设置数据：按功能键，数码显示器最后一位显示 6 时，按住数位键不动，使小数点连续闪烁，放开后，间断地按数位键，移动小数点位置到最后三位，依次输入 129 三位数字。设好后，按确认，显示板最前位显示 6。

③输入密码：按功能键，使显示板最后一位显示 1。按住数位键不动，使小数点连续闪烁后断开，间断按数位键，移动小数点位置到最后三位，输入前面你所设置的数据，按确认后显示 1。

④设置定时：按功能键，使显示板最后一位显示 2，按同样的操作方法在前四位输入你所需要的时间，在最后一位输入 1，确认后，显示你当前输入的时间并在最后一位显示 C，此即是你所设置的时间。按同样的操作方法在你所设置的时间上加上考核时间，在最后一位输入 9，确认后显示报警时间。注意报警时间不能设置在你所设时间的前面，否则无效！

⑤清除报警：按功能键，使显示板最后一位显示 3，按确认，即清除以前所有的报警次数。

⑥定时时间：按功能键，使显示板最后一位显示 4，按确认后，显示定时时间。

⑦询问报警：按功能键，使显示板最后一位显示 5，按确认，查询报警次数。

⑧显示当前时间：按功能键，使显示板最后一位显示 7，按确认，显示当前时钟的时刻，此时所有操作结束。

（4）到定时时间后，蜂鸣器会鸣叫一分钟，再过 4 分钟后，断开电源，屏幕变暗；若学生重新操作，必须按复位，同时蜂鸣器再响，报警时间会在原来所设置的时间上再加上 5 分钟。

6. 多功能数控智能函数信号发生器

1）概述

该信号源是一种新型的以单片机为核心的数控式函数信号发生器。他可以输出正弦波、三角波、锯齿波、矩形波、四脉方波和八脉方波六种信号波形。通过面板上的简单操作，就可以很方便地连续调节输出信号的频率，并用绿色 LED 数码管直接显示出输出信号的频率值、矩形波的占空比及内部基准幅值。输出信号波形的各项技术指标都能满足本学校“电路基础”、“电工学”等课程的实验要求。该仪器还兼有频率计的功能，可以精确地测定各种周期信号的频率。该仪器采用先进技术，智能化程度高，因而具有输出波形失真小、精度高、输出稳定、工作可靠、功耗低、线路简洁、使用调节灵活简便等突出的优点。

2）主要技术指标

（1）输出频率范围：正弦波为 1Hz～150kHz、三角波和锯齿波 1Hz～10kHz、矩形波 1Hz～150kHz、四脉方波和八脉方波固定为 1kHz。频率调整步幅：1Hz～1kHz 为 1Hz、1kHz～10kHz 为 10 Hz、 10kHz～150kHz 为 100 Hz。

（2）输出频宽调节：占空比固定为 1∶1、1∶3、1∶5 和 1∶7 四挡，输出脉冲前后沿时间小于 50ns。

（3）输出幅度调节范围：A 口 15mV～17 V_{P-P}，B 口 0～4 V_{P-P}。

（4）输出阻抗：大于 50Ω。

（5）频率测量范围：1Hz～200kHz。

3）使用操作说明

（1）操作键盘和显示屏示图如图 C-1 所示。

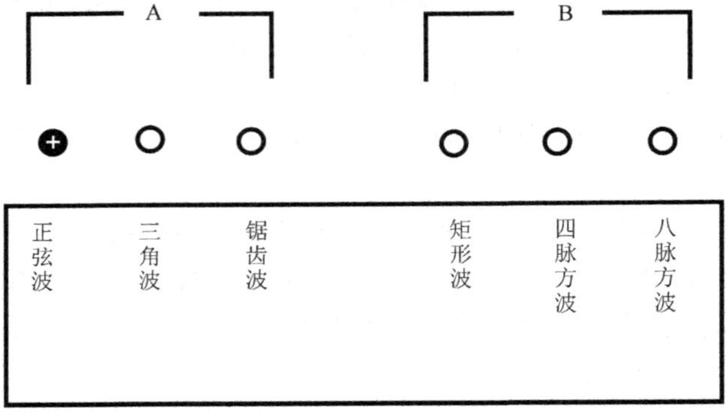

图 C-1 操作键盘和显示屏示图

（2）输入、输出接口：模拟信号（包括正弦波、三角波和锯齿波）从 A 口输出；脉冲信号（包括矩形波、四脉方波和八脉方波）从 B 口输出。

（3）开机后的初始状态：选定为正弦波，相应的红色 LED 指示灯亮，输出频率显示为 1kHz，内部基准幅度显示为 5V。

（4）按键操作：输出信号的选择、频率的调节、脉冲宽度的调节、测频功能的切换等操作如图 C-2（a）所示。

①按“A 口”、“B 口/B↑”（或“ B 口/B↓”），选择输出端口。

②操作“波形”、“A 口”及“B 口/B↑”（或 “B 口/B↓”）键，选择波形输出，6 个 LED 发光二极管将分别指示当前输出信号的类型。

③在选定矩形波后，按脉宽键，可改变矩形波的占空比。此时图 C-2（b）中的用以显示占空比的数码管将依次显示 1∶1；1∶3；1∶5；1∶7。

④按“测频/取消”键，该仪器的频率显示窗便转换为频率计的功能。即图

C-2（b）中的6只频率显示数码管将显示接在面板“信号输入口”处的被测信号的频率值（“信号输出口”仍保持原来信号的正常输出）。此时除“测频/取消”键外，其他键均无效，只有再按“测频/取消”键，撤销测频功能后，整个键盘才可恢复对输出信号的控制操作。

⑤按“粗↑”键或“粗↓”键，可单步改变（调高或调低）输出信号频率值的最高位。

⑥按“中↑”键或“中↓”键，可连续改变（调高或调低）输出信号频率值的次高位。

⑦按“细↑”键或“细↓”键，可连续改变（调高或调低）输出信号频率值的第二次高位。

（5）幅度调节

①A口幅度调节，顺时针旋转面板上幅度调节旋钮，将连续增大输出幅度；逆时针旋转面板上幅度调节旋钮，将连续减小输出幅度。幅度调节精度为1 mV，如图C-2（c）所示。

②B口幅度调节，按“B口/B↑”键将连续增大输出幅度；按“B口/B↓”键将连续减小输出幅度，如图C-2（a）所示。

多功能数控智能函数信号发生器如图C-2所示。

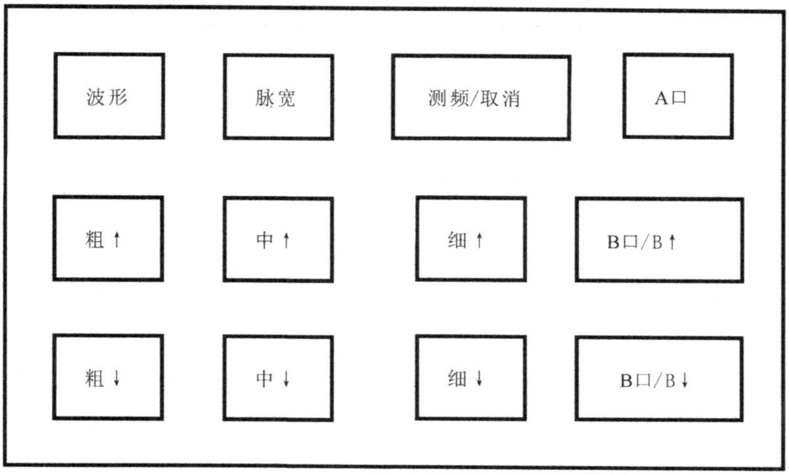

（a）

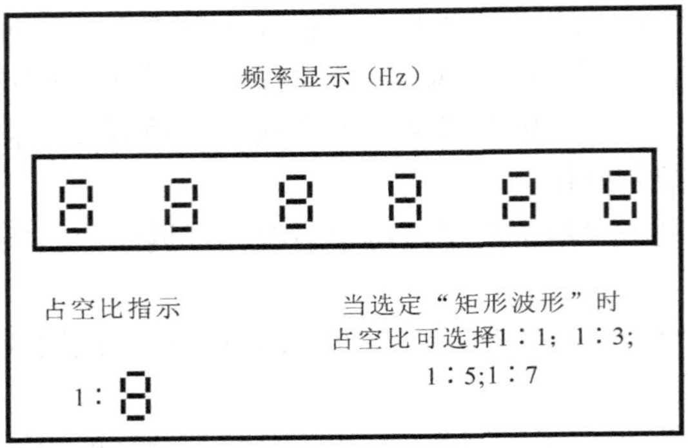

（b）

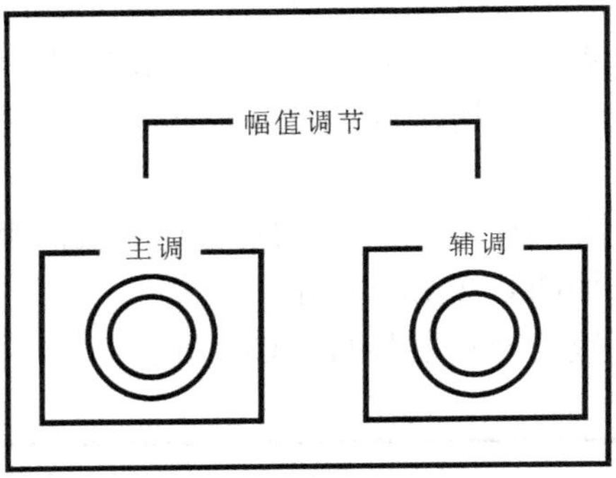

（c）

图 C-2 多功能数控智能函数信号发生器

7. 指针式交流电压表的使用特点

开启电源总开关，本单元即可进入正常测量。测量电压范围为：0~450 V，分 5 个量程挡：30 V、75 V、150 V、300 V、450 V，用琴键开关切换。在与本装置配套使用过程中，所有量程挡均有超量程保护和告警，控制屏上接触器有跳闸的功能，跳闸时，本单元的红色告警灯点亮，实验屏上的蜂鸣器同时告警。在按过本单元的“复位”键后，蜂鸣器告警停止，本单元的告警指示灯熄灭，电压表即可恢复测量功能。如要继续实验，则需再次启动控制屏。

8. 指针式交流电流表的使用特点

电流测量范围为 0~5 A，分 4 个量程挡：0.25 A、1 A、2.5 A 和 5 A，用琴键开关切换。其他使用特点均同指针式交流电压表。

9. 直流数字电压表的使用

电压测量范围为0~1000 V，分4个量程挡：2 V、20 V、200 V和1000 V，用琴键开关切换，三位半数码管显示，输入阻抗10MΩ，测量精度为0.5级，在与本装置配套使用过程中，所有量程挡均有超量程保护和警告，控制屏上接触器有跳闸的功能，跳闸时，本单元的红色告警灯点亮，实验屏上的蜂鸣器同时告警。在按过本单元的"复位"键后，蜂鸣器告警停止，本单元的告警指示灯熄灭，电压表即可恢复测量功能。如要继续实验，则需再次启动控制屏。

10. 直流数显毫安表的使用

电流测量范围为0~200 mA，分三个量程挡：2mA 、20 mA和200 mA，用琴键开关切换，三位半数码管显示，测量精度为0.5级，在与本装置配套使用过程中，所有量程挡均有超量程保护和告警，控制屏上接触器有跳闸的功能，跳闸时，本单元的红色告警灯点亮，实验屏上的蜂鸣器同时告警。在按过本单元的"复位"键后，蜂鸣器告警停止，本单元的告警指示灯熄灭，毫安表即可恢复测量功能。如要继续实验，则需再次启动控制屏。

11. 多量程数显欧姆表的使用

（1）按红色按钮打开电源。

（2）根据实测电阻的大小，选择量程（多量程数显欧姆表包含5个量程挡：200Ω、2 kΩ、20 kΩ、200 kΩ和2MΩ）。

（3）将表笔分别接在待测电阻的两端，观察LED显示屏的读数，读数为1，说明量程选择太小，应选择大点的挡位。如果读数太小，必须选择量程小点的挡位（实测电阻小，选择量程太大，表的读数误差就大），因此量程应打到比实际测量电阻值大一点的相对应的挡位上，这样表的读数才准确。在各挡位测量电阻时，欧姆表直接显示电阻阻值，无须加以倍数换算，且各挡间小数点自动移位，测量起来非常方便、直观。

注意：不能带电测量电阻，否则会烧坏欧姆表。

DGJ-3型电工技术实验装置上原本没有多量程数显欧姆表，由于实验课等需要，我们在该实验装置上特别将直流数显安培表改造成多量程数显欧姆表（通过开关可使表的功能来回转换）。与数字万用电表的欧姆挡不同的是该欧姆表上所有量程挡均有保护，且不易丢失。

附录 D 单、三相智能功率、功率因数表使用说明

一、概述

D34-3 型单、三相智能功率、功率因数表是最新研制开发的全数字式多功能功率测试仪表。他将两只单相智能功率表组装在一个挂箱里，在技术上采用单片机的智能控制、人机对话、智能显示和快速运算等特点。将被测电压、电流瞬时值的取样信号送入 A/D 变换器的输入口，经单片机的“均方根”值运算和信号处理后，将计算结果显示于由 LED 数码管构成的显示器上，根据数码管的显示值和符号，就可得知某负载的有功功率值。此时，还可通过对面板上键盘的简单操作，切换数码管所显示的内容：可显示负载的功率因数及负载的性质，交流信号的频率、周期等；还可以储存、记录 15 组功率和功率因数的测试结果数据，并可逐组查询。两只功率表可组合使用，测量三相负载的总功率。

本仪表由于采用了单片机技术和高速、高精度 A/D 转换器件，使整机有良好的技术性能，且结构简洁、性能稳定可靠、测试精度高、读数清晰、数据储存、操作简便和多功能等优点突出，是功率测量的理想仪器，是各大专院校电工、电路实验室测量仪表更新换代的理想选择。

二、主要技术指标

（1）功能：可测量三相交流负载的总功率或单相交流负载的功率；可显示电路的功率因数及负载性质、周期、频率；可记录、储存和查询 15 组数据等。

（2）测量精度：＜1%。

（3）量程范围：电压 0～450 V、电流 0～5 A（量程分 8 挡自动切换）。

（4）工作条件：

供电电源 AC220（1±5%）V，50 Hz。

环境温度 –10℃～+40℃。

相对湿度 ＜80%。

（5）重量：6kg。

（6）尺寸：390×200×230。

三、测量线路

（1）二瓦特表法测量三相负载总功率的接线原理图如图 D-1 所示。

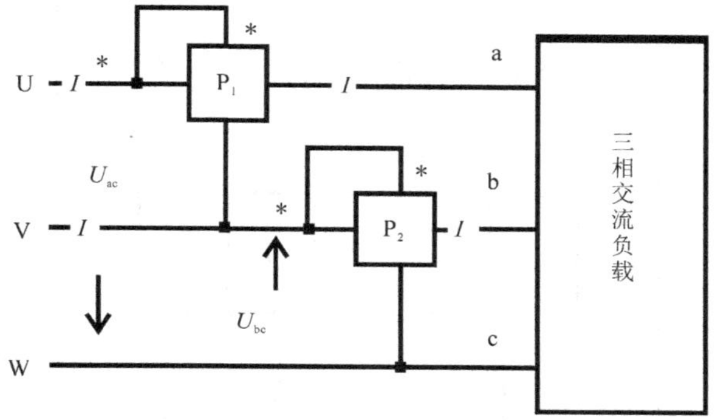

图 D-1　二瓦特表法

（2）一瓦特表法测量单相负载功率的接线原理图如图 D-2 所示。

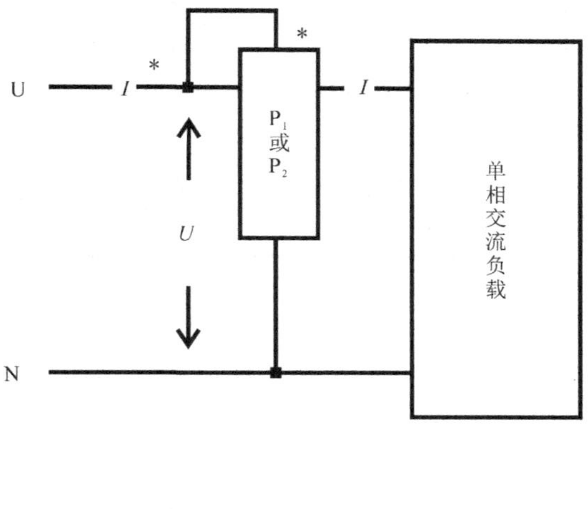

图 D-2　一瓦特表法

四、面板示意图

面板示意图如图 D-3 所示。

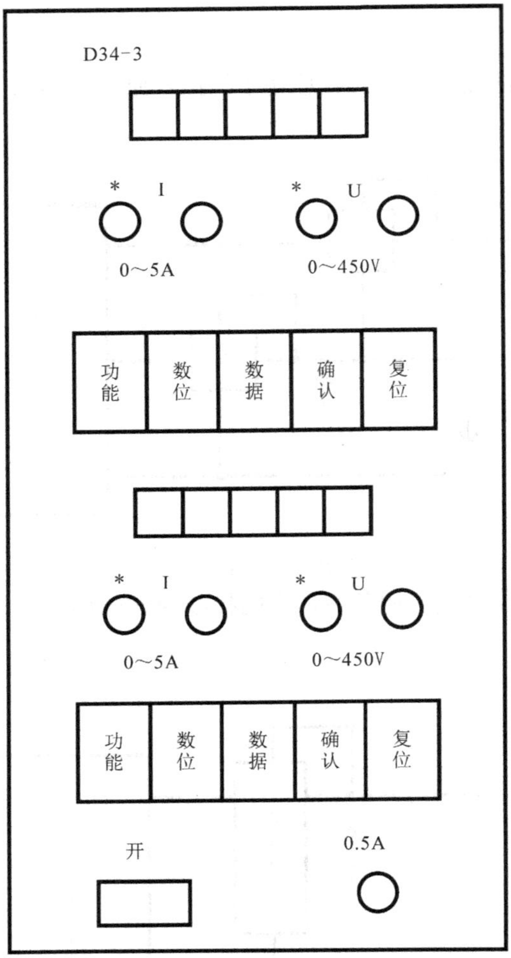

图 D-3　面板示意图

五、使用方法

（1）按图 D-1 或图 D-2 接好线路（单相时，两组表可任选其一）。

（2）接通电源，或按“复位”键后，面板上各 LED 数码管将循环显示“P”，表示测试系统已准备就绪，进入初始状态。

（3）面板上有两组键盘，每组五个按键，在实际测试过程中只用到“复位”、“功能”、“确认”三个键。

①“功能”键：仪表测试与显示功能的选择键。若连续按动该键 7 次，则 5

只 LED 数码管将显示 7 种不同的功能指示符号，7 个功能符及其含义如表 D-1 所示。

表 D-1 7 个功能符及其含义

次数	显示	含义
1	P.	功率
2	COS.	功率因数及负载性质
3	FUC.	被测信号频率
4	CCP.	被测信号周期
5	dA.CO	数据记录
6	dSPLA.	数据查询
7	PC.	升级后使用

②“确认”键：在选定上述前 6 个功能之一后，按一下“确认”键，该组显示器将切换显示该功能下的测试结果数据。

③“复位”键：在任何状态下，只要按一下此键，系统便恢复到初始状态。

④具体操作过程如下：

a. 接好线路→开机（或按“复位”键）→选定功能（前 4 个功能之一）→按“确认”键→待显示的数据稳定后，读取数据（功率单位为 W，频率单位为 Hz，周期单位为 ms）。

b. 选定 dA.CO 功能→按“确认”键→显示 1（表示第一组数据已储存好）。如重复上述操作，显示器将顺序显示 2、3…E、F，表示共记录并储存了 15 组测量数据。

c. 选定 dSPLA.功能→按“确认”键→显示最后一组储存的功率值→按“确认”键，显示最后一组储存的功率因数值及负载性质（闪动位表示储存数据的组别，第二位显示负载性质，C 表示容性，L 表示感性，后三位为功率因数值），→按“确认”键→显示倒数第二组的功率值……（显示顺序为从第 F 组到第 1 组）。可见，在需要查询结果数据时，每组数据需分别按动两次“确认”键，以分别显示功率和功率因数值及负载性质。

六、仪器系统原理框图

仪器系统原理框图如图 D-4 所示。

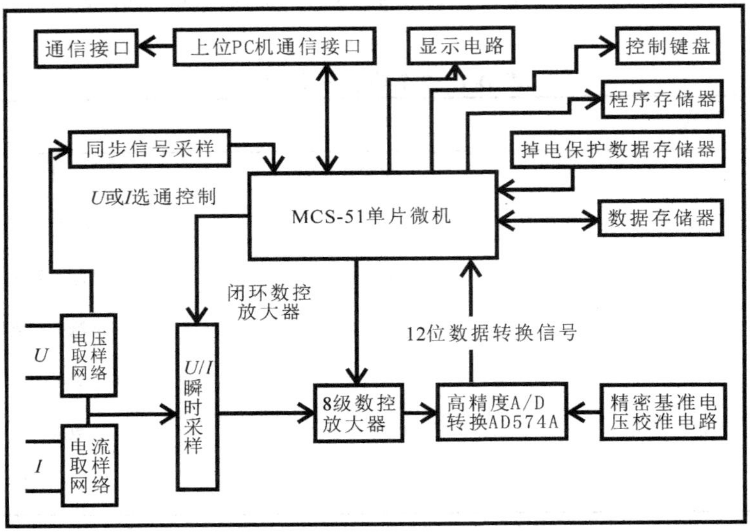

图 D-4　仪器系统原理框图

七、注意事项

（1）在测量过程中，外来的干扰信号难免要干扰主机的运行，若出现死机，请按“复位”键。

（2）必须在测试了一组数据之后，才能用“dA.CO”项作记录。

（3）“数据”键与“数位”键在正常测试情况下不使用，仅出厂调试时才会用到。

（4）测量过程中显示器显示“COU.”表示要继续按功能键。

（5）选择测量功率时，按过“确认”键，需等显示的数据跳变 8 次，稳定后再读取数据。

（6）本仪器的 PC 功能为留待本仪器升级后使用。

附录 E　实验装置配套挂箱可完成的实验项目

与 DGJ-3 型电工技术实验装置相配套的数电、模电及继电接触控制挂箱可完成的实验项目如下：

一、D71-2 数电、模电实验挂箱

1. 数电部分

（1）晶体管开关特性、限幅器与钳位器
（2）TTL 集成逻辑门的逻辑功能与参数测试
（3）CMOS 集成逻辑门的逻辑功能与参数测试
（4）TTL 集电极开路门与三态输出门的应用
（5）集成逻辑电路的连接和驱动
（6）组合逻辑电路实验分析
（7）组合逻辑电路的设计与测试
（8）译码器及其应用
（9）触发器及其应用
（10）计数器及其应用
（11）移位寄存器及其应用
（12）脉冲分配器及其应用
（13）使用门电路产生脉冲信号——自激多谐振荡器
（14）单稳态触发器与施密特触发器——脉冲延时与波形整形电路
（15）555 时基电路及其应用

2. 模电部分

（1）常用电子仪器的使用
（2）晶体管共射极单管放大器
（3）场效应管放大器
（4）负反馈放大器

（5）射极跟随器
（6）差动放大器
（7）集成运算放大器指标测试
（8）集成运算放大器的基本应用（Ⅰ）—— 模拟运算电路
（9）集成运算放大器的基本应用（Ⅱ）—— 波形发生器
（10）集成运算放大器的基本应用（Ⅲ）—— 信号处理（有源滤波器）
（11）集成运算放大器的基本应用（Ⅳ）—— 信号处理（比较器）
（12）低频功率放大器（Ⅰ）——OTL 功率放大器
（13）低频功率放大器（Ⅱ）—— 集成功率放大器
（14）RC 正弦波振荡器
（15）LC 正弦波振荡器
（16）函数信号发生器的组装与调试
（17）电压-频率转换电路
（18）直流稳压电源（Ⅰ）—— 串联型晶体管稳压电源
（19）直流稳压电源（Ⅱ）—— 集成稳压器

二、D72-2 数电挂箱

（1）晶体管开关特性、限幅器与钳位器
（2）TTL 集成逻辑门的逻辑功能与参数测试
（3）CMOS 集成逻辑门的逻辑功能与参数测试
（4）TTL 集电极开路门与三态输出门的应用
（5）集成逻辑电路的连接和驱动
（6）组合逻辑电路实验分析
（7）组合逻辑电路的设计与测试
（8）译码器及其应用
（9）触发器及其应用
（10）计数器及其应用
（11）移位寄存器及其应用
（12）脉冲分配器及其应用
（13）使用门电路产生脉冲信号—— 自激多谐振荡器
（14）单稳态触发器与施密特触发器—— 脉冲延时与波形整形电路
（15）555 时基电路及其应用
（16）电子秒表
（17）D/A、A/D 转换器

三、D73-2 模电挂箱

（1）常用电子仪器的使用
（2）晶体管共射极单管放大器
（3）场效应管放大器
（4）负反馈放大器
（5）射极跟随器
（6）差动放大器
（7）集成运算放大器指标测试
（8）集成运算放大器的基本应用（Ⅰ）——模拟运算电路
（9）集成运算放大器的基本应用（Ⅱ）——波形发生器
（10）集成运算放大器的基本应用（Ⅲ）——信号处理（有源滤波器）
（11）集成运算放大器的基本应用（Ⅳ）——信号处理（比较器）
（12）低频功率放大器（Ⅰ）——OTL 功率放大器
（13）低频功率放大器（Ⅱ）——集成功率放大器
（14）RC 正弦波振荡器
（15）LC 正弦波振荡器
（16）函数信号发生器的组装与调试
（17）电压-频率转换电路
（18）直流稳压电源（Ⅰ）——串联型晶体管稳压电源
（19）直流稳压电源（Ⅱ）——集成稳压器
（20）晶闸管可控整流电路

四、D61-2 继电接触控制挂箱

（1）三相鼠笼式异步电动机
（2）三相异步电动机点动和自锁控制
（3）三相异步电动机的正反转控制
（4）三相异步电动机 Y-△降压启动控制
（5）在 D61-2 的基础上增加 D63-2 继电接触控制挂箱
（6）工作台往返制动控制线路
（7）在 D61-2 的基础上增加 D62-2、D63-2 继电接触控制挂箱
（8）能耗制动控制线路
（9）C620 车床电气控制线路
（10）电动葫芦电气控制线路